教育部"中华茶文化传承与创新"教学资源库资助项目

茶艺传承与创新 第二版

张星海 孙 达 张小雷 编著

中国商务出版社
CHINA COMMERCE AND TRADE PRESS

图书在版编目（CIP）数据

茶艺传承与创新 / 张星海，孙达，张小雷编著 . --2 版 . -- 北京 : 中国商务出版社，2020.6（2022.1 重印）

ISBN 978-7-5103-3358-3

Ⅰ . ①茶… Ⅱ . ①张… ②孙… ③张… Ⅲ . ①茶文化 – 中国 – 高等职业教育 – 教材 Ⅳ . ① TS971.21

中国版本图书馆 CIP 数据核字（2020）第 077059 号

茶艺传承与创新（第二版）

CHAYI CHUANCHENG YU CHUANGXIN

张星海　孙 达　张小雷　编著

出　　版：	中国商务出版社	
地　　址：	北京市东城区安定门外大街东后巷 28 号　　邮编：　100710	
责任部门：	国际经济与贸易事业部（010-64269744　bjys@cctpress.com）	
责任编辑：	张永生	

总 发 行：中国商务出版社发行部（010-64266119　64515150）

网　　址：http://www.cctpress.com

邮　　箱：cctp@cctpress.com

排　　版：且慢文化

印　　刷：廊坊蓝海德彩印有限公司

开　　本：787 毫米 ×1092 毫米　1/16

印　　张：19.25　　　　　　字　数：276 千字

版　　次：2020 年 8 月第 2 版　　印　次：2022 年 1 月第 5 次印刷

书　　号：ISBN 978-7-5103-3358-3

定　　价：58.00 元

本书编委会

自 序

茶艺带我去远行

茶，源于中国，兴盛于唐宋，乃华夏文明之瑰宝；茶，传于世界，聚天地精华，已成举世健康之饮。科学饮茶，有利于身体健康；品茶修艺，有益于心灵康健。传承国饮，是构建和谐社会的一体两翼。茶艺，萌芽于唐，发扬于宋，改革于明，极盛于清，可谓历史渊源，自成系统。1999年，国家劳动和社会保障部正式将"茶艺师"列入《中华人民共和国职业分类大典》，并制订《茶艺师国家职业标准》；2008年，北京奥运会开幕式使用两个篆体汉字"茶""和"，显示出一个深邃的文化内涵："茶"是中华文化的重要载体和传播媒介，"和"是中华民族的文化性格与中华茶道的文化灵魂。2013年3月23日，习近平主席在俄罗斯谈及"万里茶道"；2014年4月1日，习近平主席在比利时发表"茶酒论"；2014年7月16日，习近平主席在巴西激情论述"茶之友谊"；2014年8月22日，习近平主席在蒙古国激情演讲"清茶之风，余香隽永"。短短17个月时间内，国家主席习近平已在世界瞩目的外交场合"四论中国茶"……茶叶，几乎是每一位国家领导人的共同爱好，而体现在大国外交上，习近平主席向世界传播更多的是文化：立足中华5000年精粹、纵览国茶与世界，他以很多专业茶人犹不及的高度和深度，向世人阐述着"茶——中国博大精深传统文化最亮丽的符号之一！""中国是东方文明的重要代表，欧洲则是西方文明的发祥地。正如中国人喜欢茶，而比利时人喜爱啤酒一样，茶的含蓄内敛和酒的热烈奔放代表了品味生命、解读世界的两种不同方式。但是，茶和酒并不是不可兼容的，既可以酒逢知己千杯少，也可以品茶品味品人生。中国主张'和而不同'，而欧盟强调'多元一体'。酒茶是文化的不同表达，'和而不同'与'多元一体'则是文明哲理的不同切入，都在以不同方式展现人类文化的多样以及世界文明的多彩。"

茶是中国人的一种生活、一种享受、一种境界，茶艺正是传承与演绎这三种层次的一种载体；所谓茶艺，首先是一种科学沏泡茶的技术，其次是在沏泡茶过程中融入诸多审美元素的艺术，除此之外，还是一种承载沏泡者身心修为窗口和传播地方民俗民风独特文化载体。一道茶，就是一种人生，每一个茶人其实都在修行属于自己的茶道，而所谓茶道，就是在我们都明知不完美的生命中，对完美的温柔试探，哪怕只有一杯茶的时间。唯有不拘一格推陈出新，方可海纳百川，使茶艺百花齐放。茶艺是茶文化五大组成因子中最活跃、最积极，涵盖广、渗透强的因子；茶艺会逐步变成人们物质文明与精神文明的使者，其必将更加注重科学沏泡和健康品饮，成为人们健康生活的人生伴侣；必将成为人们知书达礼、修身养性的重要精神食粮，会有序提升成一种人类非物质文化遗产，成为有品位、成功人士价值取向；其必将成为人们购买茶制品如茶叶、茶具、茶服、茶桌及茶食品的重要网购媒介，即互联网＋茶艺＋茶制品。

学习茶艺：一是能传承和传播民族传统文化及茶文化；二是可以践行科学沏茶和健康饮茶技法；三是悟道修身和立德树人的载体；四是能够承担促进茶产业有序发展的媒介。在当前"互联网＋"融合大背景下，茶艺与茶文化类的优秀教师最易成为未来新类型教师（自由择业教师），同时也会诞生新的职业岗位（教学导演岗）；在信息技术推动下，未来的教室将成为学习的会所，真正的教室、学校都在云端。

茶之至简，

不过一叶遇见水；

茶之精深，

渊源传承五千年；

茶之博大，

业已征服七大洲。

茶之平凡，

解渴消暑大碗饮；

茶之高雅，

品茶品味品人生；

茶之伟大，

修身齐家治国平天下。
世界的竞争，
归根结底是文化的竞争，
大国崛起，
习茶正当时！

习茶

茶为国饮，全民习茶。

首习陆学，茶经三卷。

次习吴公，以身许茶。

三习茶德，廉美和敬。

四习茶技，识茶研茶。

五习茶艺，品茶赏茶。

八旬老茶人 鄂祖生 甲午之冬

茶艺带我去远行

回不去的地方叫故乡，

到不了的叫远方，

多少人一直在路上，

只为追逐比远更远的前方。

推动你迈步向前的，

不是艰难，

而是梦想；

梦想无论大小，

只要坚守，

总能带你走到更远的地方。

青春是打开了就不会再合上的书，

人生是踏上了就没法回头的旅程；

不能因在乎目的地，

而忽视沿途风景，

观赏风景心情；

人生只为自己想要的心情，

携手走过，

一段柴米油盐酱醋茶岁月。

回不去的地方叫故乡，

到不了的叫远方，

多少人一直在路上；

他乡正在变故乡，

故乡会慢慢变他乡；

一杯茶，

一卷书，

一起听，

雨穿雪飘风劲舞；
一起品，
杀青的绿茶，
萎凋的白茶，
闷过的黄茶，
发酵的红茶，
摇青的乌龙，
渥堆的黑茶，
窨香的花茶。

如果你过来，
我就带你去远行，
看乾隆六下江南的御茶园，
听马帮穿越古道的脚步声，
忆虎门销烟带来的旧战事，
习陆羽茶经传承的国饮书。

张星海
2016年12月于茶都杭州

闲对茶史忆古人
慢煮光阴一盏茶

目录

绪　论

在教育部"全国职业院校中华茶艺技能大赛""全国茶艺与茶文化类专业骨干教师（企业顶岗）培训""优质数字教育资源征集活动"和"教育内涵式发展背景下职业院校技能大赛可持续发展研究"等项目支持下，以张星海、龚恕等为核心骨干的教学团队，在"茶艺传承教育创新模式实践与研究"等方面取得系统性成果。根据高等职业教育的发展趋势与社会需求，以工学结合、传承国饮为基础，以懂茶艺的茶制品创新与营销人才培养要素体系为核心，牵头制定《全国高职茶艺与茶叶营销专业教学标准》；以"以茶会友、品茗赏艺，悟道修身、传承文化"为主题，创新设计了茶艺竞技"解读茶艺、品饮茶艺"新形式；以"泡好一杯茶、上好一门课，传承茶文化"为主旨，搭建了全国茶艺与茶文化类骨干教师培训平台。本成果在浙江省内外广泛推广与实践，得到浙江省茶叶学会、中国茶叶学会、中国国际茶文化研究会及省各职业院校的高度认可与应用。

一、茶艺传承教育模式研究

（一）视"杭为茶都、传承国饮"为己任，积极构筑茶艺竞技引导茶艺教学新体系

团队始终以"杭为茶都、传承国饮"为责任。根据大赛命题需要体现"职业性、教产合作、教学为本"等原则，兼顾竞赛项目可操性和教学成果资源转化，组建来自中国茶叶学会、中国茶叶博物馆、茶叶教育系统和企业行业等专业人士的茶艺赛项专家组，举办中华茶艺大赛既要体现"高"又要富含"职"。大赛积极将"以茶会友、品茗赏艺，悟道修身、传承文化"主题，融入"以德树人"内涵式发展职业教育人才培养机制中，2013—2015年三届全国中华茶艺大赛以"指定茶艺、创新茶艺、品饮茶艺及解读茶艺"等竞技形式，引领高职茶艺教学实践与创新。

（二）以"做个透亮爱茶人"为担当，搭建全国高职茶艺教学规范与资源共享平台

以培养"透亮爱茶人"的教师目标，举办2014—2015年两届全国茶艺与茶文化类专业骨干教师（企业顶岗）培训班，组建国内茶艺、茶文化界顶级专家授课大师团队，分别从基础篇、审评篇、茶艺篇、茶席篇、资讯篇及实战篇等由浅入深、理实一体的教学规范，培训大家"泡好一杯茶、上好一门课，传承茶文化"，力争做一个"给别人带去快乐的、不让自己后悔的人"，做一个"传播茶正能量、将人在草木间的深刻内涵融汇到工作、学习及生活中"的透亮爱茶人。同时，搭建一个茶艺教学资源共享的QQ与微信交流平台，不定期组织线上线下交流活动。

（三）按"培育四有新茶人"为主旨，制定《全国高职茶艺与茶叶营销专业教学标准》

通过三届茶艺国赛和两届茶艺国培的沉淀与积累，再经过市场调研与座谈研讨，按照茶艺师、评茶员、茶业经营管理师职业资格及"大众创业、万众创新"要求，设置茶艺与茶叶营销专业课程体系和人才培养目标，于2015年制定并提交发布《全国高职院校茶艺与茶叶营销专业标准》概要。积极总结职业教育专业"三化理念、四件利器、五大要素"建设经验，遵循学习"谋技、谋智及谋道"三阶段原理，借助全国商指委茶艺与茶叶营销专指委平台，共同研究制定拥有"兴（有情怀、有格局）、观（辨是非、强洞察）、群（有担当、乐奉献）、怨（勤思考、勇进取）"的四有爱茶新人专业教学标准。

二、茶艺传承创新模式探索

（一）创新设计两种"顶天立地"茶艺竞技新形式

在全国职业院校中华茶艺技能大赛竞赛内容上除了完善已经出现的指定茶艺和创新茶艺及茶席创新竞技形式外，还创新设计了解读茶艺和品饮茶艺。其中解读茶艺竞技，一种全新对接网络时代的传播茶文化形式。选手们在10min内以微电影形式，诠释自己心灵深处的茶艺真谛。浙江大学教授王岳飞裁判长说："以微电影形式解读茶艺，是全国茶艺从未有过的比赛形式，开创网络传播茶文化先河。"品饮茶艺竞技，引导选手将茶艺融入生活。选手抽签决定冲泡品饮的茶类和竞赛主题，在15分钟内用茶艺展示诠释自己对所选主题的理解。旨在考察比赛选手在识茶与懂茶的基础上，如何把茶艺技能与品茗环境很好地融入现实生活之中。目前该种茶艺竞技形式已经被广泛应用到中华茶奥会茶艺大赛、全国茶艺职业技能大赛、全国大学生茶艺大赛等不同规格的茶艺竞技活动。

（二）凝练探索一种"鱼渔双授"茶艺传承教育新模式

通过举办茶艺国赛、创新竞技形式，引导全国职院茶艺教与学；利用茶艺国培、筑坛开讲，培育师资、规范教学，共享资源；凭借著书立说、微信传播，系统阐释"茶艺内涵、人才层次、培育目标、社会功能、文化基因（养气'养气是养道家大气、佛家静气、儒家正气'，养心'养心是养感恩之心、敬畏之心、本真之心'，达礼'达礼是懂礼貌、有礼仪、晓礼智'，求美'求美是追求身体康美、生活恬美、人生福美'）、传创之芯（饮茶科学即了解茶叶加工技术、掌握茶叶品鉴方法、融会茶叶沏泡技法，艺术呈现即了解背景音乐共鸣、掌握茶席布置原则、懂得营造氛围奥秘，主题开发即谙熟相关历史典故、学会因人塑造角色、通晓创新传承根本）及四有（兴'兴可以让人有情怀、有格局'，观'观可以让人辨是非、强洞察'，群'群可以让人有担当、乐奉献'，怨'怨可以让人勤思考、勇进取'）爱茶新人"教育体系；成立全国茶艺与茶叶营销专业指导委员会，制定《茶艺与茶叶营销专业教学标准》，固化"鱼渔双授"茶艺传承教育新模式。

三、茶艺传承教育创新成效

（一）全国各地茶艺赛事色彩缤纷，极大促进茶艺有序发展

1. 牵头组织举办全国高职院校中华茶艺技能大赛

2013—2015年，先后组织承办三届中华茶艺技能大赛和浙江省高职院校中华茶艺技能选拔赛，先后采用"指定茶艺、创新茶艺、解读茶艺及特色体验"团体茶艺竞技形式和"指定茶艺、创新茶艺、品饮茶艺及茶席创新"个人茶艺竞技形式，在全国范围内极大地推进茶艺的发展。全国省市地区参加中华茶艺赛事的省份逐年递增，尤其是举办省市地区中华茶艺技能选拔赛的省份由2013年7个增加到2015年15个（分别是福建、山西、山东、黑龙江、浙江、四川、重庆、云南、湖南、北京、河南、安徽、广东、广西、辽宁），创作与积累了大量茶艺优秀作品。通过茶艺大赛，让我们团队及经贸的茶专业在逐步成长；让我们汇聚一大批爱茶、懂茶及惜茶人，让全国各地上百所本科、高职及中职院校与茶有缘的人都在经贸校园留下身影足迹；让我们真正明白人生除了职业教育还有茶艺生活，因为教育本身就是生活，尤其是与茶起舞的日子；让我们明白何谓是真正的懂茶人、爱茶人和惜茶人。茶艺大赛已经逐步成为人才培育的平台、茶艺教学交流的平台、传统民族文化传创的平台、向社会传递正能量的窗口。

2. 组织协办两个全国性茶艺技能大赛，指导一个全国性茶艺职业技能大赛

2013年，全国高职院校中华茶艺技能大赛举办圆满成功后，10月21日—24日在浙江武义举办的由农业部职业技能指导中心、中国就业培训技术指导中心、中国茶叶学会联合主办的第二届全国茶艺职业技能大赛技术规范文件核心环节参照中华茶艺国赛规程；2014年11月28日—12月1日，由国家级实验教学示范中心联席会主办、浙江大学承办的第二届全国大学生茶艺技能大赛，团队作为技术力量，将中华茶艺技能大赛技术规范又进行创新性拓展与推广，赛项有指定茶艺、创新茶艺、茶席创新及含作文的理论考试；2015年10月30日—11月1日，团队承办由中国国际茶文化研究会、杭州市人民政府、中华全国供销合作总社杭州茶叶研究院联合主办的第二届中华茶奥会茶艺大赛，赛项竞技内容有品饮茶艺竞技、创新茶艺竞技及网络理论选拔考核，再一次检阅推广扎根于生活的品茶茶艺，该赛项竞技环节将被应用到由福建农林大学承办的第三届全国大学生茶艺技能大赛（2016年10月18日—20日）和贵阳市人民政府承办的第三届全国茶艺职业技能竞赛总决赛（2016年9月19日—22日）。

3. 通过论文发表和思考感悟等途径规范茶艺健康发展

在2014年《中国茶叶》第11期提出了茶艺内涵为"首先是一种科学沏泡茶的技术，其次是在沏泡茶过程中融入诸多审美元素的艺术，除此之外，茶艺还应是一种承载沏泡茶者身心修为窗口和一种传播地方民俗域情的独特文化载体"。界定了茶艺人才培养层次"中职院校的学生建议将其培训成为茶艺技能操作者和茶艺活动传播者，其参加的茶艺技能竞赛重点包括体现茶艺基本功的指定茶艺、团队协作创新的团队茶艺及现场服务茶客的体验茶艺；对于本科院校的学生建议将其培养成为茶艺内涵提炼丰富的研究者和茶艺推广活动家，其参加的茶艺技能竞赛重点是茶艺内涵思索文集创作、茶席设计现场布置及团队协作的创新茶艺；对于处于两者中间的高职院校学生建议将其培育成即可从事茶艺活动的传播者，又可成为茶艺作品创新的创作者，其参加的茶艺技能竞赛重点是体现茶艺团队协作的创新茶艺、诠释自我对茶艺精髓理解的解读茶艺及体现服务意识的体验茶艺。三个层次的茶艺人才培养既要体现中高职茶艺人才培养的衔接，又要兼顾高职茶艺人才与本科茶艺人才培养的互通"。在微信【茶博士·星海泛舟】第9期上阐述茶艺的功能作用主要有四点：一是传承和传播民族传统文化及茶文化；二是践行科学沏茶和健康饮茶技法；三是悟道修身和立德树人的载体；四是促进茶产业有序发展的媒介。

（二）茶艺国赛与茶艺国培遥相呼应，掀起茶艺教与学热潮

1. 六场全国性茶艺技能大赛进一步激起茶艺教与学人气

2013—2015年，经过连续三届的全国职业院校中华茶艺技能大赛和2013年全国茶艺职业技能大赛、2014年全国大学生茶艺技能大赛及2015年中华茶奥会茶艺大赛，掀起了全社会习茶研艺的热情，尤其是高职院校纷纷开设茶艺专业或选修课程，开设部门或涉茶专业、或学院社团，更多是酒店、旅游及人文社科类专业。

2. 两届全国茶艺师资培训为社会输送大批茶艺教学人才

2014—2015年，经过连续举办两届全国茶艺与茶文化类专业骨干教师企业顶岗培训班，为全国20多个省市地区培训输送100多位优秀茶艺教师。这批茶艺师资大多将茶艺国培"泡好一杯茶、上好一门课，传承茶文化"理念贯彻到实际茶艺教学中，为茶艺人才培养、茶艺资源开发与场馆建设及区域茶艺发展做出积极贡献。

3. 全国各级别茶艺师学习培训班如雨后春笋般茁壮成长

经过全国性茶艺大赛持续举办和茶艺国培师资不断输送，社会上也兴起喝茶习茶高潮，全国各地纷纷举办不同层次、不同规格的茶艺研修班，相应成立不同规模茶艺培训机构，尤以茶都杭州表现更为突出，除了已有的公刘子茶道室、中国茶叶博物馆茶友会、中国茶叶学会中茶所培训中心及隶属供销系统的中茶院培训中心，更为突出的有浙江大学茶学系创办的童一家茶艺培训机构及坐落于茶都名园的素业茶院和下沙大学城的爱习茶苑（我校中华茶艺大赛冠军陈严同学创办），为捍卫"杭为茶都、传承国饮"构筑实至名归坚石依靠。

（三）茶都筑坛开讲、网络传道解惑，传创茶艺教育资源

1. 利用杭为茶都优势，筑坛开讲、著书立说有声有色传承茶艺

团队利用位于茶都杭州优势，在茶艺国赛与国培期间，先后于2013年11月、2014年7月、2015年1月、2015年10月、2016年1月多次牵头组织全国性茶艺教学及教育资源传创交流培训及学术研讨会，同时开发"茶艺的发展与未来""茶艺的教与学""茶艺教师职称晋升ABC""茶艺传承与创新"讲座，并组织成立全国茶艺与茶文化教育资源共享联盟，牵头主编《茶文化与茶健康》《绿茶加工与评审检验》《红茶加工与评审检验》《黄茶加工与评审检验》等教材，组织成立《亚运国饮（中英文版）》（少儿读物、大众读物）系列科普图书编委会，计划在2022年亚运会在杭州举办之前有序出版亚运国饮"茶之历史篇、茶类识别篇、茶俗茶事篇、中国茶艺篇、茶叶冲泡篇、茶叶品鉴篇、健康茶品篇、茶之科教篇、茶之旅游篇及茶之百问篇"等10册科普图书，图文并茂向世人宣传中国茶。团队还组织建设了"中国茶艺"课程的教育部优质网络数字化教学资源，指导学生创作茶艺作品，有声有色创新传承茶艺。

2. 通过 QQ 空间、微信朋友圈等网络平台，阐述茶艺教育理论

团队负责人从2013年开始建立QQ群、微信群，一直在网上通过QQ空间、微信朋友圈等网络平台，进行茶艺专业建设经验理论（三化理念、四件利器、五大要素）总结分享，所谓三化专业建设理念，就是善于将理论问题实践化，能够把理念转化为行动，又说又做；善于将复杂问题简洁化，就是能够抓住核心点，事半功倍；善于将合理问题合法化，用法律和制度规范运行，以理服人，依法办事。所谓四件利器，就是专业建设抓四个重点：一抓师资队伍，二抓教学改革，三抓课程建设，四抓社会服务。所谓专业建设五大要素：一是人才培养目标；二是专业课程体系；三是人才培养模式；四是教学组织管理；五是专业建设特色。茶艺的文化基因与茶艺传创之芯解读等。开创【茶博士·星海泛舟】专栏300余期，开设这个栏目的寓意是"廉美和敬茶为媒，学海无涯悦作舟"，贯彻执行好"三眼三石"（即做事要有勤学的眼色、明辨的眼光、修德的眼界，做人要平凡如基石、担当如柱石、笃实如磐石）的理念，为"让茶艺成为传播茶文化与茶科技的使者"贡献自己最大力量！

3. 组织国际无我茶会和茶艺带我去远行活动，增强茶艺育人作用

2015年10月24日—28日，团队负责人以国际无我茶会副秘书长身份，带领团队组织并参与在浙江杭州、千岛湖、龙泉及龙乌举行的第十五届国际无我茶会，来自日、韩、美、新加坡、中国香港和中国台湾地区等国内外500余位茶人参与其中，崇尚人人泡茶，人人敬茶，人人品茶，一味同心。2015年7月—8月，从2014年全国大学生茶艺技能大赛和2015年全国职业院校中华茶艺技能大赛获奖选手中组织选拔10名优秀大学生集中强训，组成"中国大学生茶艺团"，于8月3日—9日到全球瞩目的2015年米兰世博会中国茶文化周以"中国故事中国茶"为主题，向世博观众展演宣传中华茶艺。2016年4月15日—17日，在四川启动"茶艺带我去远行"之茶艺研修文化之旅活动，旨在提升我们爱茶人真正了解中国博大精深的茶文化，提升自身茶文化素养，用自己的眼睛、思想、课堂、教程去传播、传承、创作、创新中国传统民族文化。

（四）开创茶艺与茶叶营销新专业，成立全国商指委茶艺专指委

1. 牵头撰写《茶艺与茶叶营销》高职专业简要

2015年5月，受教育部全国商业职业教育教学指导委员会委托，牵头组织编写高职茶艺与茶叶营销专业简介。我们团队接到通知后先后征集了安徽、云南、湖南、江西、江苏及福建等省的相关专业的建议，通过网络交流，综合几所学校的意见，分别从专业培养目标、就业方向、主要职业能力、核心课程与实习实训、职业资格证书举例、衔接中职专业举例及接续本科专业举例等方面进行框定，为2016年茶艺与茶叶营销专业在全国范围内（如浙江、江苏、安徽、福建、河南、江西、湖南、湖北、云南、广东、广西、四川、重庆、贵州、辽宁等）的统一归并发挥了指导作用。

2. 申报成立全国商指委茶艺与茶叶营销专业教学指导委员会

2015年8月，向全国商业职业教育教学指导委员会申报筹备成立茶艺与茶叶营销专业教学指导委员会（简称"茶艺专指委"）并获得批准，秘书处设在浙江经贸职业技术学院，2015年11月16日—18日在北京举行成立大会，于2016年1月24日—26日在杭州召开茶艺与茶叶营销专指委第一次工作会议。教育部茶艺专指委主任由浙江经贸职业技术学院陈德泉院长担任，副主任委员由浙江大学茶学系屠幼英主任等5人担任，秘书长由浙江经贸职业技术学院张星海教授担任，副秘书长分别为山东农业大学茶学系黄晓琴主任等两人担任；茶艺专指委委员有华中农业大学园艺学

院陈玉琼教授、上海市茶叶学会周星娣副理事长等140人，分布于20多个省市涵盖中职、高职、本科、学会协会及企事业单位。

3. 起草"茶艺与茶叶营销"专业教学标准和"茶艺传承与创新"等课程标准规范

按照全国商指委统一部署和茶艺专指委职责义务，结合《高等职业教育创新发展行动计划（2015—2018）》精神，通过茶艺与茶叶营销专指委平台，于2016年1月和2017年4月分别两次对团队牵头起草的茶艺与茶叶营销专业教学标准、茶艺传承与创新课程标准、品饮茶艺竞技操作规范及茶艺技能大师工作室建设规范进行研讨，并达成初步共识，核心课程原则上定为"茶叶审评技术""茶叶冲泡技法""茶艺传承与创新""茶叶营销技术""茶叶电商与创业"，其余核心课程作为院校根据自身特点开设。人才培养目标第一次确定为毕业后3年内达到的目标，2018年制定好的《茶艺专业教学标准》和《茶艺课程标准》将是今后一定时期内茶艺与茶叶营销专业建设与人才培养的指导规范。

模块一

何|谓|茶|艺

在中国，茶不仅是一种饮品，更是崇尚道法自然、天人合一、内省外修的东方智慧。茶文化是以茶习俗为文化地基、以茶制度为文化框架、以茶美学为文化呈现、以茶哲识为文化灵魂的人类历史进程中创造的茶之人文精神的全部形态。在墨西哥，有一个离我们很远却又很近的寓言。一群人急匆匆地赶路，突然一人停了下来。旁边人很奇怪：为什么不走了？停下的人一笑：走得太快，灵魂落在了后面，我要等等它。是啊，我们都走得太快。然而，谁又打算停下来等一等呢？如果走得太远，会不会忘了当初为什么出发？我们很多人都在学习茶艺，推广传承茶文化，是否该停下来思考一下，什么是茶艺、什么是文化？你真的懂得、真的理解吗？《汉语大字典》记载：文者，文治。化者，教化也。文化，就是一种生活方式。简而言之，文化就是根植于内心的修养、无需提醒的自觉、以约束为前提的自由、为别人着想的善良。可以传递文明、可以规范行为，还可以凝聚社会。

课题一　茶艺内涵

从我1996年开始接触茶，就听到"各路诸侯"有关茶艺定义喋喋不休争吵，流派众多，定义不少，至今仍未见统一。经过两年多茶艺技能大赛的组织与茶艺作品创作与参赛指导，发现每个人心中都有一个关于茶艺定义的认识，既然不能统一，就无需统一，就按照自己心中所理解的茶艺去践行，不用相互指责，彼此看不起，这本身就违背茶艺"和"的精神。党的十八大以后，习近平主席多次在中外公开场合谈论茶文化：在俄罗斯谈及"万里茶道"、在比利时发表"茶酒论"、在巴西激情论述"茶之友谊"……茶叶优雅的身影与我国一直以来所坚持的君子外交政策相得益彰，她在外交场合的频频出现向全世界呈现出其独特的文化魅力。

我是一个并非研究茶艺的爱茶人，仅算是一个茶艺活动推广传播者，我有一个粗浅而又相对通俗有关茶艺的理解，姑且称之为定义，即茶艺首先是一种科学沏泡茶的技术，其次是在沏泡茶过程中融入诸多审美元素的艺术，除此之外，茶艺还应是承载沏泡茶者身心修为的窗口和传播地方民俗域情独特文化的载体。因此，茶类五彩缤纷，民族风情各异，唯有不拘一格推陈出新，方可海纳百川，使茶艺百花齐放。若一味地追求固定模式、正宗流派、千面一孔，本身就是一种典型的"伪茶艺"幼稚病表现，只能自毁前程，导致茶艺发展的枯竭。

茶艺是茶文化三大组成因子中最活跃、最积极，涵盖广、渗透强的因子；茶艺会逐步变成人们物质文明与精神文明的使者，必将更加注重科学沏泡和健康品饮，成为人们健康生活的人生伴侣。茶艺必将成为人们知书达礼、修身养性的重要精神食粮，会有序提升成一种人类非物质文化遗产，成为有品位、有身份的成功人士的价值取向；必将成为人们购买茶制品如茶叶、茶具、茶服、茶桌及茶食品的重要网购媒介，即互联网＋茶艺＋茶制品。

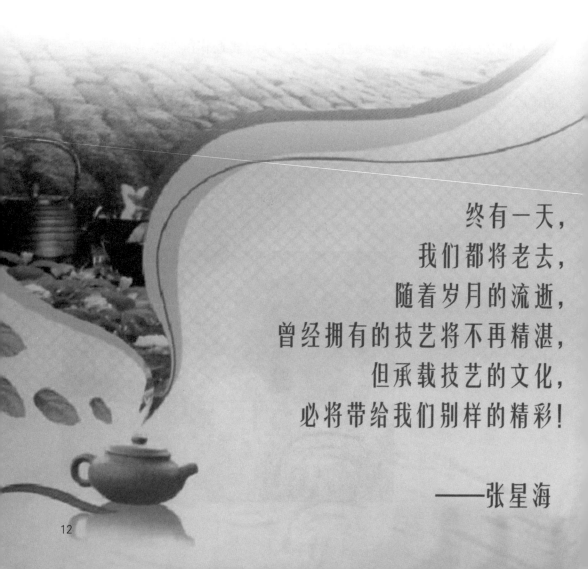

终有一天，
我们都将老去，
随着岁月的流逝，
曾经拥有的技艺将不再精湛，
但承载技艺的文化，
必将带给我们别样的精彩！

——张星海

课题二　茶艺人才层次

　　目前，从事茶艺传播与研究的人才大都来自两个途径：一是在学校经过学历教育培养的青年学生；二是在社会经过职业资格培训的爱茶人士。对于后者仅希望那些从事茶艺培训的团体机构，能够切实将茶艺中有关做人的茶道精髓"知行合一"贯彻到技能培训中，培训出一批真正的茶艺传播者。对于在校青年茶艺学生的培养定位问题，这点很重要，涉及将来到社会上承担茶艺职业岗位细分问题。

　　对于中职学校的学生，建议将其培养成为茶艺技能操作者和茶艺活动传播者，其参加的茶艺技能竞赛重点可以包括体现茶艺基本功指定茶艺、茶说家演讲竞技、创新与审美能力的茶席设计及现场服务茶客的品饮茶艺。

　　对于本科院校的学生，建议将其培养成为茶艺内涵提炼丰富研究者和茶艺推广活动家，其参加的茶艺技能竞赛重点是茶艺内涵思索文集创作、自我对茶艺精髓的解读茶艺、茶空间设计现场布置及团队协作的创新茶艺。

　　对于处于二者中间的高职院校学生，建议将其培育成既可从事茶艺活动的传播者，又可成为茶艺作品创新的创作者，其参加的茶艺技能竞赛重点是体现茶艺团队协作的创新茶艺、茶+调饮竞技、茶汤品鉴连对竞技、茶说家演讲竞技及体现服务意识的品饮茶艺。

　　三个层次的茶艺人才培养既要体现中高职茶艺人才培养的衔接，又要兼顾高职茶艺人才与本科茶艺人才培养的互通。传承，意味着保留传统茶文化中的精华；融合，要在传承的基础上，与时俱进，弘扬新时代下的茶文化，不仅要采撷各家之长，更要有宽广博大的胸怀，对不同流派的茶文化宽厚包容；分享，也是一杯香茗的追求。

当前在社会上，真正算上隶属茶艺教育体系只有职业教育，其余的都算是一种学生综合素质的延伸。把茶艺作为学生综合素质延伸的教育体系中又有几种类型：一是在具有茶学专业的本科院校，通过茶学专业课程体系，利用素质拓展课、职业资格鉴定、学校社团活动或竞赛集中训练，形成一种虽没有体系但能选培茶艺特长人才的茶艺教育模式。这种茶艺教育类型培养出来的茶艺人才，由于有相对比较完整的茶学专业课程知识储备，自主编创能力较强，灵性韧性有待开发，加上本科院校科研考核体系和茶艺教师学源单一，注定不能也不应成为社会茶艺人才输送的摇篮，但有茶艺爱好的学生通过后天自主学习提升，可以成为优秀的茶艺教学师资。二是在具有酒店管理、人文旅游等高职院校，尽管没有茶艺与茶叶营销专业，但是通过茶艺与茶文化类的素质拓展选修课、茶文化社团活动和茶艺技能竞赛等形式，逐渐形成了一种将优秀传统文化传承创新融入提升学生就业竞争力的茶艺人才教育培养模式。这种茶艺教育类型培养出来的茶艺人才，由于茶艺知识过于碎片化，缺乏相对系统性，自主创编能力较弱，灵性韧性较强，跨专业融合性好，加上高职院校职称评价体系和茶艺教师学源丰富，极大促进茶艺创新性发展，注定会成为将茶艺人才向其他服务领域输送的重要力量。三是中小学青少年茶艺，包括部分中职学校茶艺。这种类型的茶艺教育大多通过学校第二课堂或校园特色文化在推进，只是学生素质能力提升的一种教学手段，不具体对接到将来的就业工作。随着年龄的增长，茶艺留给学生的大多就是一种记忆，就像我们曾经小时候做过的一门劳作课或兴趣班一样。青少年茶艺与成人茶艺教育有一个本质区别，重在以文化人，而不是仅强化技艺，是以内秀外而不是徒有其表。青少儿茶艺应是通过"以茶养心、以茶养性"实现以茶育行、以茶育德的人才培养。

当然还有其他类型的茶艺教育模式，如非茶学背景的本科院校。但大部分都是介于高职茶艺与茶叶营销专业和茶艺教育延伸体系第二种类型。这也是向社会输送茶艺人才不可或缺的一支重要补充力量，有效破解了当地企业对茶艺人才需求的困境，往往会培养出几个在当地可以崭露头角优秀的茶艺人才。每种茶艺教育模式培养特色各异，每一个茶艺人才自身所处的人生阶段也不同，导致其所形成的茶艺素养也有差异。因此，立志成为一个优秀的茶艺人才，就要养成保持自主学习的能力，不断丰富自我的茶艺素养，做一个有益于社会、有益于茶艺、快乐生活的新时代爱茶人。

课题三　茶艺社会功能

韩国推崇茶礼，日本敬重茶道，中国普及茶艺，三者之间有什么本质差异呢？看到全国各地风起云涌学习茶艺，那么茶艺到底有什么功能作用呢？作者本人不是茶艺茶文化的研究者，只是茶艺茶文化的爱好者和推广者，还是让擅长人做擅长事吧！为了推广只能大道至简了。

茶艺的发展必须坚持三种精神："天人合一"的和谐精神、"知行合一"的慎独精神及"传创合一"的自信精神。第一，"天人合一"的和谐精神。天行健，君子以自强不息；地势坤，君子以厚德载物。"天人合一"就是人与大自然要合一，要和平共处，不要讲征服与被征服。"天人合一"的宇宙观、协和万邦的国际观、和而不同的社会观、人心和善的道德观就是茶艺发展茶和天下的人类贡献。第二，"知行合一"的慎独精神。君子慎独，知行合一；知行合一，止于至善。知之匪艰，行之惟艰；莫见乎隐，莫显乎微，故君子慎其独也。知既包含做人做事的良知，又涵盖茶艺文化知识；行既要辨别真假的知，更要笃实行。行之明觉精察处，便是知；知之真切笃实处，便是行；若行而不能明觉精察，便是冥行。茶艺发展要让人学以立德、学以致用，不是为了把它当古董摆设，也不是食古不化、作茧自缚，而是要变成内心的源泉动力，做到格物穷理、知行合一、经世致用。第三，"传创合一"的自信精神。传承是对茶艺文化的价值坚守，创新是对茶艺文化的发扬光大。首先，表现为茶艺文化的自觉传承，其是一个民族对于自身文化之由来、发展历程、内在特质、现实状况、发展趋势的理性把握与科学梳理；其次，表现为文化批判和价值重构，在积极传承优秀茶艺文化的同时，能够清醒地看到其中的不足，勇于并善于去伪存真，通过文化创新实现价值重构。历史和现实多次表明，一个抛弃或者背叛自己历史文化的民族，不仅不可能发展起来，而且很可能会上演历史悲剧。

茶艺的社会功能作用主要表现在四个方面：第一，传承传播民族传统文化尤其是茶文化。教育部正在立项支持建设的《"中华茶文化传承与创新"职业教育专业教学资源库建设项目》以及全国各地风风火火推进的各个级别层次茶艺职业技能竞

赛和"茶文化五进活动"等都是重要体现。第二，践行科学沏茶和健康饮茶技法，如中华茶奥会、全民饮茶日、在线沏茶技艺和茶艺培训等。第三，成为悟道修身和立德树人的载体。为什么现在少儿茶艺慢慢热起来？因为家长们并不是仅想让孩子学会泡一杯茶，更想让孩子通过茶艺学习，学到一些做人做事的道理，让孩子更懂礼仪，实现"以文化人、以茶育德"。第四，促进当地茶产业有序发展。

模块二

茶|艺|文|化|基|因

在人类文化发展史上，"亡灵"管束"活人"，而"活人"却奈何不了"亡灵"，这是一种普世现象。文化基因作用于一个人，使这个人变得"有文化"；文化基因作用于一个民族，使这个民族拥有自己的精神家园；文化基因作用于一个国家，使这个国家逐步走向文明与强盛。所谓文化基因，就是决定文化系统传承与变化的基本因子或要素。文化基因就是"可以被复制的鲜活的文化传统和可能复活的传统文化的思想因子"。传统文化是过去人们创造的精神存在，而文化传统却是传统文化承继过程中形成的精神品质。传统文化是文化的根基，文化传统是文化的血脉，文化基因则是鲜活的文化传统和可能

复活的传统文化的统一，是文化代际传承的基本纽带；思维方式与核心价值观是文化基因的基本要素，共同构成了其"双螺旋"结构。茶艺文化基因"双螺旋"结构的"思维基因"与"价值基因"是什么呢？茶艺文化的思维基因就是"和思维"，"天人合一、和而不同"精神为

要旨思维；茶艺文化的价值基因就是"养气、养心、达礼、求美"。茶艺价值基因，强调养气与养心，"和"思维基因表现出和而不同的处世哲学；价值基因突出达礼与求美，"和"思维基因便呈现出"天人合一"的人生境界。"天人合一、和而不同"进一步强化了茶艺基因"养气、养心、达礼、求美"的价值取向。

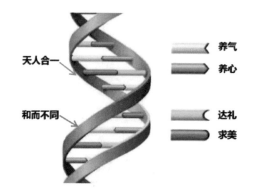

天人合一
和而不同

养气
养心
达礼
求美

课题一 茶艺价值基因

一、价值基因之养气

"养气"是中国人最重要的修养功夫。跟道家学大气，跟佛家学静气，跟儒家学正气；养好这"三气"，静可守一心之妙，动可达天地之奥，行可成中正之道，乃成大人。跟道家学大气，道家的特质，就是"大"，眼界大，气象更大；以大道为心，以自然为意，以日月为双眼，以天地为视野。跟佛家学静气，静对立面是乱，乱的根由是欲；佛家能入静，就是因为能够无欲；眼中有尘三界窄，心头无事一床宽。跟儒家学正气，正气于人，便是光明正大、刚正不屈之气；养气，先要立志；立什么样的志，就会养什么样的气；要养浩然之气，必靠浩然之志。近年来，在全国各地掀起了一场爱习茶艺的热潮，这是茶界人士特别喜欢看到的盛况，但是很少见到大家在真正潜心研习与传创茶艺，是很让人担忧的事情，就如同大家勘探到一个矿资源，一窝蜂无序去开采，缺乏必要的科学规范，后果不难想象。呼吁大家要像爱护自己心灵一样去传承与创新茶艺。

二、价值基因之养心

俗话说："欲修身，先养心。"一养感恩之心，二养敬畏之心，三养本真之心。何谓养心，《黄帝内经》认为是"恬虚无"。很多人抱怨当前的社会缺乏信仰，其实信仰就是感恩和敬畏。感恩是积极向上的思考与谦卑的态度，不是简单的报恩，而是一种处世哲学和生活智慧，更是一种责任、自立、自尊和追求阳光人生的境界。朱熹说："君子之心，长存敬畏。"人活着不能随心所欲，而要心有所惧。怀有敬畏之心，可使人懂得自警与自省，规范和约束自己的言行举止；敬畏是自律的开端，也是行为的界限。心存敬畏，不是叫人不敢

想、不敢说、不敢做，而是叫人想之有道，说之有理，做之循法。本真其实就是"心无其心""拿着扫帚不扫地，深怕扫起心上尘"；何谓本真?本源、真相、正道、准则、纯洁真诚、天性本性，自然天成；交友，以诚相待，多说切直话，君子坦荡荡，无虚伪粉饰；处事，纯心做人，德在人先，利居人后；追随自我本真，做一个有理想、会自由、懂自信的真茶人。

三、价值基因之达礼

俗话说："知书达礼。"一懂礼貌，二有礼仪，三晓礼智。道之以德，齐之以礼；中国传统文化认为，礼是人与动物相区别的标志；作为个体修养涵养，谓"礼貌"，懂礼貌是从幼儿园开始就要求养成的行为规范；举止庄重，进退有礼，执事谨敬，文质彬彬，不仅能够保持个人的尊严，还有助于进德修业。"凡人之所以为人者，礼仪也。"《春秋左传正义》云："中国有礼仪之大，故称夏；有服章之美，谓之华。""礼"是制度、规则和一种社会意识观念；"仪"是"礼"的具体表现形式，其依据"礼"的规定和内容，形成的一套系统而完整的程序。对于我们来说，礼仪更多的时候能体现出一个人的教养和品位；真正有礼仪讲礼仪的人，绝不会只在某一个或者几个特定的场合才注重礼仪规范，这是因为那些感性的，又

有些程式化的细节，早已在他们的心灵历练中深入骨髓，浸入血液了。礼智在中国传统美德中非常重要，"礼"是说人应该有辞让之感，"智"是开发心智、明辨是非，智的开发就是学习的过程；智者乐水，仁者乐山。"一纸书来只为墙，让他三尺又何妨。长城万里今犹在，不见当年秦始皇。"表面上礼有无数的清规戒律，但其根本目的在于使我们的社会成为一个充满生活乐趣的地方，使人变得和易近人。

四、价值基因之求美

老子说："天下皆知美之为美，斯恶已。"一求身体康美，二求生活恬美，三求人生福美。茶不仅具有使人健康的物质基础，同时还拥有让人愉悦的精神素养；科学饮茶、健康茶饮是茶艺使人魂萦梦牵的源头。所谓康美，不仅是躯体健康，

同时还应呈现心理健康、道德美好；身体康美是生活恬美的基础，是拥有福美人生的坚石。大家基本上都认同人生有四个层次，即活着、生活、乐活、雅活，人既可以"柴米油盐酱醋茶"，也可以"琴棋书画诗酒茶"；如果我们一直都处于活着与生活（工作）层次，那么和动物世界有何差异？茶艺可以让我们坐到电视机旁一边品茶一边观看动物世界，茶艺骨子中生来就潜伏一种"采菊东篱下，悠然见南山"的闲情，同样珍藏一股"世界那么大，我想去看看"的激情。人们常说"茶如人生、人生如

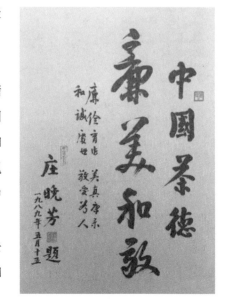

茶", 我国的教育一直都在关注学生的人才培养, 多少代人一直如斯; 哪种教育是更多地关注学生的人生培养呢? 茶艺是一种培养"兴 (有情怀) 、观 (辩是非) 、群 (敢担当) 、怨 (勤思考)"四有爱茶新人的教育, 也是一种"谋技、谋智、谋道"的关注人生的传承培育; 在学校, 学生学到大多是智力堆积和职业训练, 我们在学习和传授茶艺时, 千万不要本末倒置, 因为茶艺可以既让我们具备"面对大海, 春暖花开"的人生境界, 同样也会让我们拥有"您养我长大, 我陪您到老"人生福祉。

课题二　茶艺"和"思维基因

日本茶道以"和、静、清、寂"为其精神；韩国茶礼则以"和、静、俭、真"为其要义，所重已有不同；中国茶道可谓百花齐放，谓"廉、美、和、敬"者，倡"和、静、怡、真"者，主"和、俭、静、洁"等，不一而足。大多都是倡导者"顺其地，其时情况"而提出，都在秉承"道生之，德蓄之，物行之，势成之""辅万物之自然而不敢为"的精神而各有所重。在未来相当长的时间里，这些不同倡导"和"是其共性外，难以统一，其实也无需统一；这就是由茶艺文化的"'和'思维基因"在起到决定作用的使然。

严格意义来说，"和"思维不是一种真正学科层面上的思维形式。我国著名科学家钱学森认为："按人的思维类型思维分为抽象（逻辑）思维形式、形象（直感）思维形式及灵感（顿悟）思维形式。"前一种思维形式研究的比较有点门道，后两种思维形式还有待深入探究。他还认为："这在认识的从知觉起的六个阶段中，每个阶段都离不开这几种思维，有时用一种，有时用两种，有时三种都得交替使用。""'和'思维"就是在这种背景下提出的一种综合运用形象思维与其他思维方式的，以达到"天人合一，和而不同"精神为要旨的系统思维，把握思维客体及其发展规律，指导人们谋划及实现行动价值。简而言之，所谓"和"思维，就是一种以"天人合一，和而不同"精神为要旨，以形象思维为基本思维形式，以顿悟思维为必要提升思维形式，以逻辑思维为重要修复思维形式的综合思维。这种思维既具有形象思维"形象与整体"性的特质，又具有顿悟思

维"聚焦与突发"性，有时还会兼顾逻辑思维"抽象与概括"性。

"观乎天文，以察时变，观乎人文，以化成天下。""天行健，君子以自强不息；地势坤，君子以厚德载物。""天人合一"的思想概念最早是由庄子阐述，后被汉代儒家思想家董仲舒发展为"天人合一"的哲学思想体系，并由此构建了中华传统文化的主体。国学大师季羡林说："'天人合一'就是人与大自然要合一，要和平共处，不要讲征服与被征服。""天人合一"不仅仅是一种思想，更是一种状态。物质世界是绝对运动的，思维反映存在，所以思维也应当是不断变化、与时俱进的；物质与人以及物质之间是和谐统一的。"天人合一"的宇宙观、协和万邦的国际观、和而不同的社会观、人心和善的道德观就是茶艺发展茶和天下的人类贡献。

孔子曾说："君子和而不同，小人同而不和。"在为人处世方面，正确的做法应该是拒绝苟同，在相互争论辩解中达成共识；和而不同，和睦地相处，但不随便附和。在中国古代，"和而不同"也是处理不同学术思想派别、不同文化之间关系的重要原则，是学术文化发展的动力、途径和基本规律。在中国，关于茶艺的学术之争由来已久，而茶艺的门户之见更为甚至。众所周知，学术之争的本意是要通过不同观点的交流与碰撞而去伪存真，促进学术的发展，无可厚非；但是门户之见则是无原则地坚持和捍卫自己学派的观点，将学术之争演变为利益之争的令人不齿行径。茶艺的门户之见不仅不利于茶艺发展，更是由人格的异化扩展到学术的异化，而异化的根源，就在一个"利"字，这是将茶艺文化基因之"和思维"基因的"转基因"变态化。"君子与君子以同道为朋，小人与小人以同利为朋。""和"是一种有差别的、多样性统一，有别于"同"。

课题三　茶文化发展思想

在中国，茶不仅是一种饮品，更是崇尚道法自然、天人合一、内省外修的东方智慧。茶文化是以茶习俗为文化地基，以茶制度为文化框架，以茶美学为文化呈现，以茶哲识为文化灵魂的人类历史进程中创造的茶之人文精神的全部形态。从以文化人来观察，茶文化具有"教育人民、服务社会、引领风尚"的育民功能。从以文化印来观察，茶文化具有"人过留痕，文过留印，化则升华"的惠民功能。从以文化国来观察，茶文化具有"每个人全面而自由发展"的富民功能。茶以文兴，文以茶扬，茶文化与茶产业如车之双轮、鸟之双翼，唯有浸润和涵养了文化的茶产业，才会有蓬勃的生命力。

党的十九大报告宣告中国特色社会主义进入新时代，新时代的总目标是在本世纪中叶建成富强民主文明和谐美丽的社会主义现代化强国，新时代的社会主要矛盾是"人民日益增长的美好生活需要和不平衡不充分的发展之间的矛盾"。新时代，

茶文化要想在人们追求美好生活向往中肩负更重要功能，必须坚持以下三个方面的发展思想：

一是坚守中国是茶故乡立场和坚定文化自信的发展总思想。没有高度的文化自信，就没有茶文化的繁荣兴盛；中国是茶文化的发祥地，茶文化是中华传统文化的优秀代表，中华优秀传统文化是中国特色社会主义文化的源头。

二是坚持人与自然和谐共生的发展思想。既要树立"一片叶子，成就了一个产业，富裕了一方百姓"的发展思路，又要践行"绿水青山就是金山银山"的生态文明理念，让茶文化服务于乡村振兴战略和美丽中国的新征程。

三是坚持茶文化创造性转化与创新性发展思想。通过"进学校、进社区、进机关、进企业、进家庭"和"喝茶、饮茶、食茶、用茶、玩茶、事茶"，茶文化逐步转化为人们的情感认同和行为习惯；在实践创造中进行茶文化创造，在历史进步中实现茶文化进步，使中华茶文化最基本的文化基因与新时代茶文化相适应，与人民日益增长的美好生活需要相协调。

模块三

指|定|茶|艺

倡导"茶为国饮",弘扬中华博大精深的民族传统技艺,传播"一带一路"精神。以茶载道,将"传承、创新、绿色、共享"茶文化精髓融入职业教育中,促进我国茶文化与茶产业传承发展。探索职业教育过程中"1+X证书制度"和推进"课程内容与职业标准对接""教学过程与生产过程对接""职业教育与终身学习对接",引导中华茶艺传统技艺向科学、健康的方向传承与发展。将竞赛引入教学,提升学生综合素质,统筹协作与创新能力,增强职业教育吸引力;促进产教融合、校企合作,探索选育与培养中国传统技艺高技能茶艺人才的新路径和新标准。茶艺师职业技能竞赛强调的是用科学的方法,充分展示茶的色、香、味、形等品质,融入中国传统文化优秀的思想精髓和道德情怀,呈现仪态、礼仪、意境等美感,要求茶叶品质与冲泡技法相得益彰,使品赏者在物质和精神上得到双重享受。茶艺技能大赛以"品茗赏艺、以茶会友,悟道修身、传承文化"为主题,让"廉美和敬"的中国茶德践行于人们工作之中,"俭清和静"的中华茶礼萦绕于人们的生活之间。

课题一 指定茶艺要旨

当前茶产业快速发展、茶文化融入社会生活的各个领域。中国人精神生活的大雅之事——"琴棋书画诗酒茶"离不开茶，中国人日常生活的大俗之事——"柴米油盐酱醋茶"也缺不了茶，既大雅又大俗的唯有茶！科学饮茶能让你身体健康，艺术品茶能让你心情愉悦。中华茶艺技能大赛的成功举办，必将会推动年轻学子学习研究中华茶艺、茶文化的决心和信心。希望茶艺大赛真正是一个人才培育的平台、一个茶艺教学交流的平台、一个传统民族文化传创的平台、一个向社会传递正能量的窗口。

一、茶艺师职业等级

根据《茶艺师国家职业技能标准（GZB 4-03-02-07）（2018年版）》规定，茶艺师是指在茶室、茶楼等场所展示茶水冲泡流程和技巧，（身体力行推广科学饮茶）以及传播品茶知识（促进茶文化发展）的（工作）人员（和大师工匠等）。其中，"茶室、茶楼等场所"是指茶馆、茶艺馆及称为茶坊、茶社，茶座的品茶、休闲场所；茶庄，宾馆、酒店等区域内设置的用于品茶、休闲的场所；茶空间馆等适用于品茶、休闲的场所；茶空间、茶书房、茶体验馆等适用于品茶、休闲的场所。茶艺师五个职业技能等级划分依据为：

（1）（初级茶艺师）五级/初级工：能够运用基本技能独立完成本职业的常规工作。

（2）（中级茶艺师）四级/中级工：能够熟练运用基本技能独立完成本职业的常规工作；在特定情况下，能够运用专门技能完成技术较为复杂的工作；能够与他人合作。

（3）（高级茶艺师）三级/高级工：能够熟练运用基本技能和专门技能完成本

职业较为复杂的工作，包括完成部分非常规性的工作；能够独立处理工作中出现的问题；能够指导和培训初级、中级工。

（4）（茶艺技师）二级/技师：能够熟练运用专门技能和特殊技能完成本职业复杂的、非常规性的工作；掌握本职业的关键技术技能，能够独立处理和解决技术或工艺难题；在技术技能方面有创新；能够指导和培训初级、中级、高级工；具有一定的技术管理能力。

（5）（高级茶艺技师）一级/高级技师：能够熟练运用专门技能和特殊技能在本职业的各个领域完成复杂的、非常规性工作；熟练掌握本职业的关键技术技能，能够独立处理和解决高难度的技术问题或工艺难题；在技术攻关和工艺革新方面有创新；能够组织开展技术改造、技术革新活动；能够组织开展系统的专业技术培训；具有技术管理能力。

二、指定茶艺竞技内容

指定茶艺，是指按照既定茶艺操作流程，在规定时间内，个人独立完成某一种茶艺的展示。指定茶艺竞技，一般由参赛选手个人独立完成，选手按照赛前抽签决定展示某一茶类的指定茶艺。指定茶艺考核选手对三套茶艺（绿茶指定茶艺为玻璃杯泡绿茶技法、红茶指定茶艺为盖碗泡红茶技法、乌龙茶指定茶艺为双杯泡乌龙茶

技法）的基本操作技能及形体表达和美学鉴赏能力。指定茶艺，统一茶样、统一器具、统一音乐、统一时间、统一茶席。命题结合茶艺师职业岗位的技能需求，参照《国家职业技能标准——茶艺师》［高级（国家职业资格三级）、技师（国家职业资格二级）］中相关标准制定。选手按照随机抽取的茶类竞技进行比赛，如指定绿茶茶艺竞技。比赛服装不做统一要求，建议女生选手着浅色旗袍，男生选手着深色长袍。比赛时间不少于8分钟，不超过13分钟，指定茶艺竞技环节占总成绩的30%。

三、指定茶艺竞技步骤

玻璃杯泡绿茶指定茶艺：备具→备水→布具→赏茶→润杯→置茶→浸润泡→摇香→冲泡→奉茶→收具。

盖碗泡红茶指定茶艺：备具→备水→布具→赏茶→温盖碗→温盅及品茗杯→置茶→浸润泡→摇香→冲泡→倒茶分茶→奉茶→收具。

双杯泡青茶指定茶艺：备具→备水→布具→赏茶→温壶→置茶→温润泡（弃水）→壶中续水冲泡→温品茗杯及闻香杯→倒茶分茶（关公巡城、韩信点兵）→奉茶→收具。

四、茶艺操作规范

1. 茶具摆放

茶艺师在摆放茶具时以操作方便为要，应符合沏泡者的习惯。习惯上靠近左边的物品用左手取，靠近右边的物品用右手取，需要用右手取左边物品时，应先用左手取物后转交到右手，反之亦然。泡茶过程中双手要配合使用，

器具用完后放回原来位置，取放物品时要绕物取物，避免交叉取物；忌从茶具上交叉取另一侧物品。

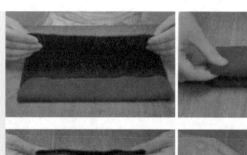

2. 茶巾折叠

茶巾是整个泡茶过程中不可缺少的用具，其作用是擦拭茶具外面或底部的茶渍和水渍，茶巾选择吸水性强的毛巾，并保持干燥、洁净。茶巾的折叠，使用前可以简单地对折两次成小正方形，也可将茶巾三等份；折成三层长条形，再三等份折成方形。茶巾的使用，双手指在上，其余四指在下托起茶巾，右手放开持器具，茶巾必须保持清洁、干爽。

3. 茶叶取放

泡茶时所用的茶叶应根据需要按量取用，取完茶叶封好茶叶罐并放回原处，茶荷中剩余茶叶应尽早用完。因茶叶长时间在空气中放置会吸湿、氧化变质，放回罐中会影响罐中茶叶的品质，不要再放回茶叶罐。

4. 持壶礼仪

茶壶要拿着舒服、不烫手，使用时动作自如，别人看着也舒服。在泡茶过程中，忌讳将壶嘴直接对着客人，不要按住壶钮顶上的气孔。持壶标准做法，拇指和中指捏住壶柄，向上用力提壶，食指轻轻搭在壶盖上，注意不要按住气孔，无名指向前抵住壶柄，小指收好。

5. 温具礼仪

（1）温具。在泡茶前将壶、杯等用具用开水淋烫一遍，一是提高器皿温度，以利于泡茶；二是清洁茶具，对品饮者表示尊重。玻璃杯，200毫升左右为宜，无

论是温杯还是敬茶，使用玻璃杯应手持杯底和杯子中下部，避免用手接触饮茶时口唇接触茶杯边缘部位，卫生有礼。

（2）温杯。向玻璃杯中注入约1/4容量沸水，将杯子尽量水平倾斜，左手扶杯底，右手持杯身，以杯底为圆心旋转1~2周，温汤不低于八分满杯杯高；将水倾入水盂，用茶巾擦拭杯外壁中下部和底部滑落水滴。

（3）温盖碗。盖碗中注入约1/3容量沸水，与温汤玻璃杯动作相仿，温汤盖碗；倒水时顺势温汤盖碗盖，体现动作优美，将热水通过盖碗盖注入盖碗，利用茶针翻盖，得到温盖碗盖目的。

（4）温品茗杯。方法一：手拿品茗杯转动温汤；方法二：茶夹夹住品茗杯滚动温汤；方法三：将一只品茗杯放入另一只品茗杯中用手滚动温汤。

6. 注水礼仪

注水有三种方法：一是直冲，直接冲水至杯的七分满，或满壶；二是回旋冲水，逆时针或顺时针方向回旋冲水；三是凤凰三点头，冲水时连续由低向高上下起伏三次，有节奏的三起三落，使壶或杯中水量恰到好处，滴水不外溢，以示对客人的尊重与礼貌。

7. 分茶礼仪

低斟茶和高冲水刚好相反，用茶壶或者公道杯向品杯中分茶或斟茶时，宜低而不宜高，壶或公道杯略高过茶杯沿即可，但不可接触杯沿。低斟茶的作用和缓，避免茶香飘散和茶汤四溅，动作细腻。直接将茶壶中的茶汤分到品茗杯中，为保持茶汤浓淡一致，则需要巡回分茶，即关公巡城；最后将壶中的精华也要一滴一滴地"点"到杯中，即韩信点兵。

8. 奉茶礼仪

双手将茶杯奉上，并伸出右手做"请"动作，请客人品茶。茶艺活动中，如奉多杯茶，可左手托奉茶盘（通常不直接放在桌上），右手奉上茶杯，并请品茶。有副泡时，主副泡一同离座，由副泡托着奉茶盘，小

步行至客人跟前，站好、行礼，由主泡双手端茶请客人品饮。奉茶后，不可立即转身离开，应小步后退1~2步，草礼后，再转身离开。

9. 扣手礼仪

对于喝茶的客人，在茶艺师奉茶之时，应以礼还礼，要双手接过或行扣手礼，将中指、食指稍微靠拢，在桌子上轻叩两下，以示谢意。无论是晚辈对长辈、下级对上级，还是平辈

之间接受奉茶时，都会双指并拢轻叩桌面以示谢意，现在多不必弯曲手指，用指尖轻轻叩击桌面两下，显得亲近而谦恭。

10. 持杯礼仪

拇指和食指捏住杯身，中指托杯底（称"三龙护鼎"），无名指和小拇指收好，持稳品茗杯；持盖碗，一手持稳杯托，一手掀盖闻香或品茗。

11. 闻香礼仪

品饮前习惯性观看茶汤颜色、闻茶汤香气，为品茶不可或缺的动作。常有闻品茗杯汤香、闻盖碗汤香、闻闻香杯香及闻盖碗盖香。

闻盖碗汤香

闻品茗杯汤香　　　　　闻闻香杯香　　　　　闻盖碗盖香

课题二 指定茶艺竞技

中外教育比较发现，中国教育总是给予太多，谓之填鸭式教育，通常学到的仅是知识而不是智慧；而国外就大不同了，在传授知识前一般还要经历感性与感悟两个阶段，当学生们学到知识的同时，很容易就转化为智慧。其实当下很多茶艺学习正在重蹈这样的覆辙，只是一味学习、训练沏茶手法与动作，而不去真正了解茶的制作方法和感悟茶艺动作中蕴藏的科学道理，以至于很多人的茶艺仅停留在表象的形似而缺乏深层的神似。通晓学习的三种类型，即"谋技、谋智、谋道"，仅让学生"谋技"的教学是一种相对较低水平的教学，能将"谋技"与"谋智"合二为一的教学是一种相对较高水平的教学，若能将"谋技、谋智、谋道"融会贯通的教学，堪称大师级教学。茶艺师大致可分为三个等级，即"自以为是"级、"谦逊求是"级和"一叶一世"级，其实就是三个境界：柴米油盐酱醋茶、琴棋书画诗酒茶及茶禅一味。

一、指定茶艺竞技评分

指定茶艺作为一个练"功"的项目，重点考量选手的茶艺基本功。选手按照随机抽取的茶类竞技进行比赛如指定绿茶茶艺竞技，用玻璃杯冲泡西湖龙井，统一茶样、统一器具、统一音乐、统一时间，评委从仪容/仪表/礼仪（15分）、茶席布置（10分）、茶艺演示（35分）、茶汤质量（35分）、竞赛时间（5分）等方面进行评比。

1.礼仪、仪容、仪表（15分）

形象自然、得体，高雅，表演中身体语言得当，表情自然，具有亲和力；动作、姿态端正，符合礼仪规范。

项目	分值	评分标准	扣分细则
礼仪、仪表、仪容（15分）	4	发型、服饰端庄、自然	（1）穿无袖服饰，扣1分 （2）发型突兀不端正，扣1分 （3）服饰不端庄、不协调，扣1分 （4）其他因素酌情扣分
	6	形象自然、得体、高雅，表演中身体语言得当，表情自然，具有亲和力	（1）视线不集中或低视或仰视，扣1分 （2）神态木讷平淡，无眼神交流，扣1分 （3）神情恍惚，表情紧张不自然，扣1分 （4）妆容不当，留长指甲、纹身，扣2分 （5）其他因素酌情扣分
	5	动作、手势、站立姿、坐姿、行姿端正得体	（1）抹指甲油，扣1分 （2）未行礼，扣1分 （3）坐姿不端正，扣1分 （4）手势中有明显多余动作，扣1分 （5）姿态摇摆，扣1分 （6）其他因素酌情扣分

2. 茶席布置（10分）

茶席空间布置有序、合理，冲泡茶过程中器具保持整洁有序，符合操作规范。

项目	分值	评分标准	扣分细则
茶席布置（10分）	6	茶器具布置与排列有序、合理	（1）茶具不齐全、或有多余，扣1分 （2）茶具排列杂乱、不整齐，扣2分 （3）茶席布置违背茶理，扣2分 （4）其他因素酌情扣分
	4	冲泡茶过程中席面器具保持有序、合理	（1）冲泡茶过程器具摆放不合理，扣1分 （2）冲泡过程席面不清洁、混乱，扣2分 （3）其他因素酌情扣分

3. 茶艺演示（35分）

茶艺演示时动作大气、自然、稳重，程序设计科学合理，全过程完整流畅。

项目	分值	要求和评分标准	扣分细则
茶艺演示（35分）	15	冲泡程序契合茶理，投茶量适宜，水温、水量、时间掌握合理	（1）冲泡程序不符合茶理，扣2分 （2）泡茶顺序混乱或有遗漏，扣2分 （3）茶叶处理、取放不规范，扣2分 （4）泡茶水量、水温选择不适宜，扣2分 （5）泡茶时间掌握不适宜，扣1分 （6）其他因素酌情扣分
	10	操作动作适度、顺畅、优美，过程完整，形神兼备	（1）动作不连贯，扣2分 （2）操作过程中水洒出来，扣2分 （3）杯具翻倒，扣2分 （4）器具碰撞多次发出声音，扣2分 （5）其他因素酌情扣分
	6	奉茶姿态及姿势自然、大方得体，礼貌用语	（1）奉茶时将奉茶盘放置茶桌上，扣2分 （2）未行伸掌礼，扣1分 （3）脚步混乱，扣1分 （4）不注重礼貌用语，扣1分 （5）其他因素酌情扣分
	4	收具规范有序、优雅	（1）收具不规范，扣1分 （2）收具动作仓促，出现失误，扣1分 （3）离开演示台时，姿态不端正，扣1分 （4）其他因素酌情扣分

4. 茶汤质量（35分）

要求充分展示所泡茶的色、香、味等特性，茶汤适量，温度适宜，符合所泡茶类要求。

项目	分值	评分标准	扣分细则
茶汤质量（35分）	8	汤色明亮，深浅适度	（1）过浅或过深，扣1分 （2）欠清澈、浑浊或有茶渣，扣1分 （3）欠明亮、暗沉，扣1分 （4）其他因素酌情扣分

续表

项目	分值	评分标准	扣分细则
	8	汤香持久，能表现所泡茶叶品类特征	（1）汤香不持久，扣1分 （2）茶汤不纯正、有异味，扣1分 （3）茶品本具备的香型特征不显，扣2分 （4）其他因素酌情扣分
	9	滋味浓淡适度，能突出所泡茶叶的品类特色	（1）涩感明显、不爽，扣1分 （2）过浓或过淡，扣2分 （3）茶品具备的滋味特征表现不够，扣2分 （4）其他因素酌情扣分
	10	茶汤适量，温度、浓度适宜	（1）奉茶量过多或过少，扣2分 （2）茶汤温度不适宜，扣2分 （3）冲泡后茶汤浓度过浓或过淡，各扣2分 （4）其他因素酌情扣分

5. 竞赛时间（5分）

竞赛时间不少于8分钟，不超过13分钟。

项目	分值	要求和评分标准	扣分细则
竞赛时间（5分）	5	在8~13分钟内完成茶艺演示	（1）超1分钟之内，扣1分 （2）超1~2分钟，扣3分 （3）超2分钟及以上，扣5分 （4）少于6分钟，扣5分 （5）6~7分钟，扣2分 （6）7~8分钟，扣1分
备注：如遇停电等突发事故，非选手因素引起的时间不足或超时不扣分			

二、茶艺基础形体礼仪

1. 服饰礼仪

服饰能够反映人们身份、文化水平、文化品味、审美意识、修养程度、生活态度等。服饰通过形式美的法则来实现，主要是通过色彩、形状、款式、线条、图案修饰，达到改变或影响人体仪表修饰目的。服饰以舒适方便为主，不要过于职业化或过于休闲。实现服装美法则，讲究对称、对比、参差、和谐、比例、多样、平衡等。

2. 发型礼仪

作为茶艺师，发型要求很严格，应自然、大方、典雅、朴素、整洁、舒适。在茶艺表演中，首先，发型设计要和表演者的脸型匹配；其次，要和当时的场景、茶席协调搭配；最后，如果多人一起表演，发型要求尽量统一，避免给人造成凌乱感。

3. 仪表仪态

仪表是指人的外表，包括形体容貌、服装、服饰、妆容、卫生等；与人的生活情调、文化修养、内质品质紧密相连。仪态是指人在行为中的姿势与风度，姿势包括站立、行走、就座、手势及面部表情等，风度是内质气质的外化呈现。茶艺师不一定要长

得漂亮或俊俏，魅力源于气质。一般而言，脸部要保持洁净，不要化浓妆，洒香水以清新自然为宜。泡茶前不要吃有强烈挥发性气味食物。

4. 出场礼仪

茶艺师上身挺直，目光平视，面带笑意，肩膀放松，手臂按照常规礼仪自然摆放，跨步脚印为一条直线，亦可手执茶器

物件出场；向右转弯时，右脚先行，直角拐弯，反之亦然。

5. 走姿礼仪

稳健优美的走姿可以使一个人气度不凡，产生一种动态美，标准的走姿是以站立姿态为基础，以大关节带动小关节，排除多余的肌肉紧张，以轻柔、大方和优雅为目的。走姿要自然，不能左右摇晃，腰部不能扭动。

6. 侍站礼仪

站姿坚持"松、挺、收、提"四字原则。"松"是两肩放松，脸带微笑，平视前方。"挺"是挺胸，不能驼背。"收"是收腹，女士双脚并拢，双手虎口交叉（右手放在左手上）自然置于肚脐稍下方；男士双脚呈外八字微分开，双手交叉

（左手放在右手上）在腹处，双手亦可自然下垂在身体两侧。"提"是提臀，女士大腿夹稳，臀部稍微往上提；男士则可省略此部分。

7. 鞠躬礼仪

鞠躬礼源自中国，指弯曲身体向尊贵者表示敬重之意，代表行礼者的谦恭态度，礼由心生，外表的弯曲身体，表示了内心的谦逊与恭敬。行礼时，距离对方在两三步之外双脚立正，手背向外，手臂垂直，紧贴腿部，以身体上部向前倾，而后恢复原姿为礼。一般而论，弯腰度数越大，表示越恭敬。鞠躬礼分为站式鞠躬、坐式鞠躬、跪式鞠躬三种。

8. 表情礼仪

茶艺师应保持恬淡、宁静、端庄的表情。人的眼睛、眉毛、嘴巴和面部表情肌肉的变化，能体现出一个人的内心，对人的语言起着解释、暗示、纠正和强化的作用，茶艺师要求表情自然、典雅、庄重，眼睑与眉毛要保持自然舒展。

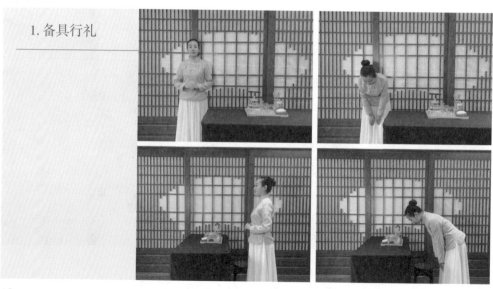

9. 眼神礼仪

眼神是脸部表情的核心，能表达最细微的表情差异，尤其在茶艺表演中要求表演者神光内敛、眼观鼻、鼻观心，或目视虚空、目光笼罩全场。切忌表情紧张、左顾右盼、眼神不定。

三、指定茶艺操作演示

（一）玻璃杯泡绿茶指定茶艺竞技步骤

备具→备水→布具→取茶→赏茶→温杯→置茶→浸润泡→摇香→冲泡→奉茶→收具。

1. 备具行礼

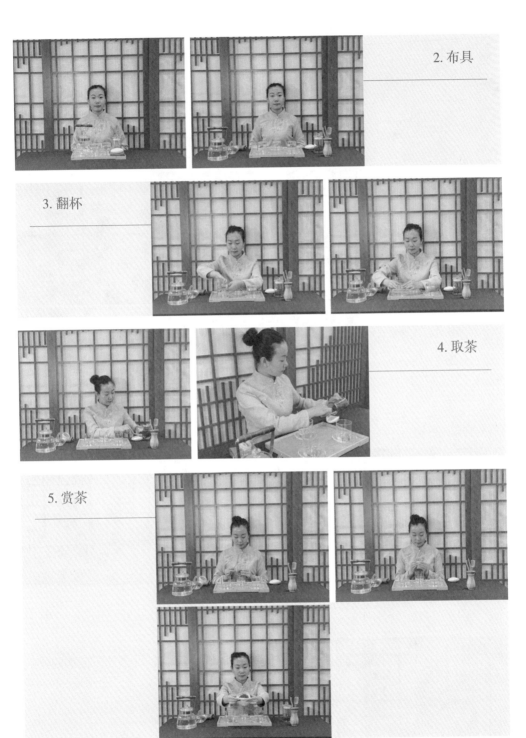

2. 布具

3. 翻杯

4. 取茶

5. 赏茶

6. 温杯

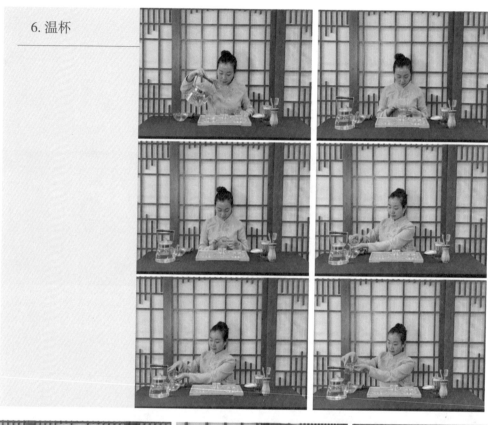

7. 置茶

8. 浸润泡

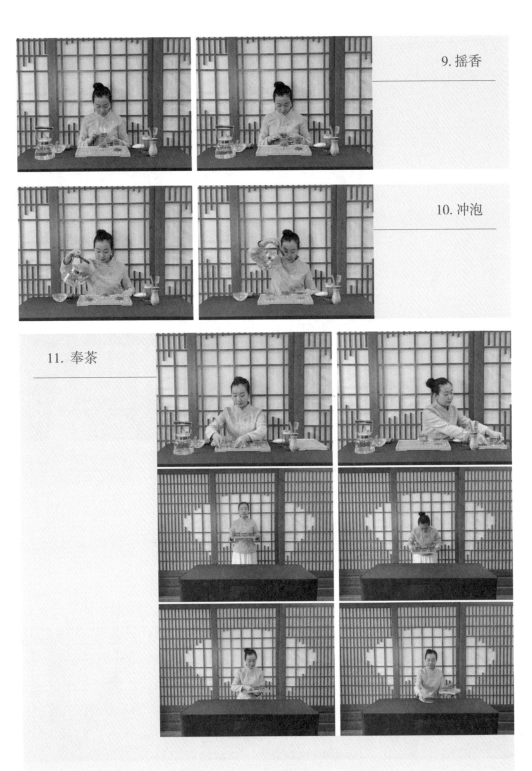

9. 摇香

10. 冲泡

11. 奉茶

12. 收具

（二）盖碗泡红茶指定茶艺竞技步骤

备具→备水→布具→取茶→赏茶→温盖碗→温盅及品茗杯→置茶→浸润泡→摇香→冲泡→温杯→出汤→分茶→奉茶→收具。

1.备具行礼

2.布具

3.翻杯

4. 取茶

5. 赏茶

6. 温具

7. 置茶

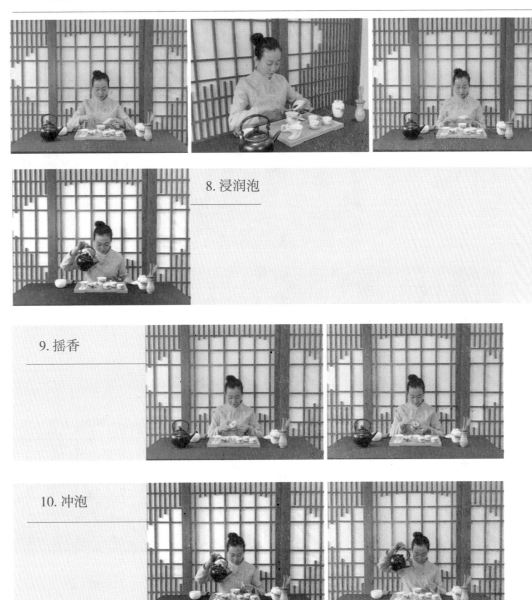

8. 浸润泡

9. 摇香

10. 冲泡

11. 温杯

12. 出汤

13. 分茶

14. 奉茶

15. 收具

（三）双杯法泡乌龙茶指定茶艺竞技步骤

备具→备水→布具→翻杯→取茶→赏茶→温壶→置茶→温润泡（弃水）→倒茶→壶中续水冲泡→温品茗杯及闻香杯→倒茶分茶（关公巡城、韩信点兵、扭转乾坤）→奉茶→收具。

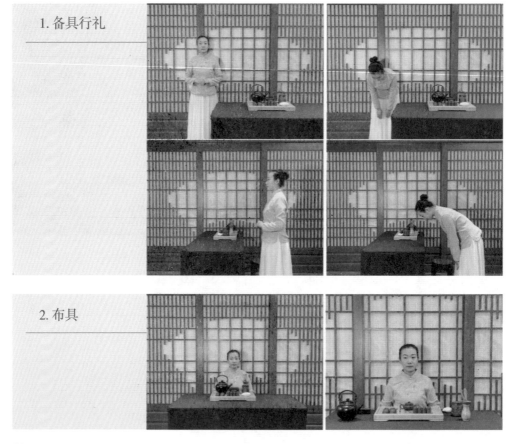

3. 翻杯

4. 取茶

5. 赏茶

6. 温壶

7. 置茶

8. 温润泡

9. 倒茶

10. 壶中续水冲泡

11. 温杯

12. 分茶
（关公巡城）

13. 分茶
（韩信点兵）

14. 分茶（扭转乾坤）

15. 奉茶

16. 收具

四、指定茶艺指导

（一）指定茶艺训练

茶艺展示是一门高雅的艺术，很难在短时间内速成，尤其是茶艺礼仪习惯的养成，更是一个需要长期坚持的过程。在训练过程，应当进行反复练习，并且对动作、仪态等进行耐心纠正，长期训练才能达到良好效果。茶艺礼仪不仅是一种外在的表现，还是展示者内在文化修养的展现，因此训练过程中应当加强茶文化知识的熏染，这样有助于提升其内在文化修养，从而促进茶艺礼仪习惯的养成。认知是行动的前提，只有在具备了一定认知水平后，才能开展相关的行为训练，从而为习惯的培养奠定良好的基础。根据茶艺师的职业岗位的特点及茶文化区域性特点，在茶艺训练体系中不断补充行业发展中的新知识、新技术。

训练初期，可以采用视频展示、模仿学习的方法。教师通过播放指定茶艺展示视频，让学生熟悉指定茶艺流程，模仿动作，引导学生直观感受优雅茶艺展示带来的美感，进一步激发学生的茶艺研习意识。

训练中期，可以采用对镜自纠、自拍视频、反复回看、查找不足的方式；也可通过自我探究，让学生自己去搜集茶艺展示的相关视频资料，通过对这些资料和视频的反复观看，进一步掌握指定茶艺的细节要领，在小组合作中相互纠正。

训练后期，可以采用小组竞技、情境模拟等茶艺实训方式，在实际活动中提升指定茶艺展示技巧。作为一种应用型的技能，只有在实践活动中才能看出成效。学生掌握指定茶艺基本要领后，教师可以组织学生开展指定茶艺展示。通过举办茶艺竞技的方式，让学生在模拟竞技过程中展示茶艺研习情况，让学生掌握正确的礼仪规范，将茶艺精神逐步内化为习惯。

小组互评，采用合作学习的模式，通过互相观看、互相指导、互相评价的方式来促进学生熟练掌握指定茶艺规范，同时引导学生进一步熟悉比赛的规则，明确竞技标准。

（二）指定茶艺参赛

选手入场仪式，尽管该环节没有进入比赛程序，但是由于一个裁判要在短暂的10分钟左右时间给五位参赛选手判分，往往有经验的裁判在选手入场环节就根据参赛选手的仪态仪表进行分级，假如不幸分入较一般的等级，比赛过程中会受到裁判的格外关注。

仪容仪表主要观测参赛选手发型、服饰与茶艺表演类型相协调；形象自然、得体、高雅，表演中身体语言得当，表情自然，具有亲和力；动作、手势、站立姿势端正大方。

茶席布置主要观测在选手操作过程中席面器具摆放是否便于操作，比赛不仅考核选手静态的茶席布置，还考核比赛过程中茶具摆放的动态茶席，而不是杂乱无序，交叉混乱。茶艺表演主要观测参赛选手冲泡程序契合茶理，投茶量适用，冲水量及时间把握合理；操作动作适度，手法连绵、轻柔，顺畅，过程完整；奉茶姿态及姿势自然、大方得体及茶具收放规范。茶汤质量主要观测参赛选手冲泡茶的汤色、香气、滋味表达充分；茶水比适量，用水量一致。

模块四

品 | 饮 | 茶 | 艺

推陈出新，海纳百川，茶文化传承永远在路上。在倡导"茶为国饮"思想指导下，如何进一步弘扬与传播民族传统茶文化和茶叶沏泡品鉴技艺，一直是茶艺与茶叶营销专业人才培养重要目标和改革关键点。全国职业院校中华茶艺技能大赛已经举办两届，虽然取得一定成效，但也发现一些问题，如往届茶艺大赛获奖选手甚至一等奖获得者，在茶艺竞技结束还不到半年的时间，基本上淡忘泡茶。可见，茶艺竞赛出了问题，要么竞赛评分标准不合理，要么竞赛设计内容不科学。于是2015年在全国中华茶艺大赛中创新设计"品饮茶艺"竞技内容，为了便于竞赛统一，执裁公平，将六大茶类全部用盖碗沏泡，选手根据茶类与主题，营造品饮主题环境，展示体验真实生活场景的品饮茶艺。该项竞技一经创新推出就深受社会欢迎，无论在全国大学生茶艺竞赛，还是全国茶艺职业技能竞赛及中华茶奥会和各地省级茶艺竞赛中都采用该项竞技，成为茶文化传播，沏茶技艺传承重要载体。

课题一　品饮茶艺要旨

品饮茶艺，强调用科学的方法，充分展示茶的色、香、味、形，让品饮者得到物质和精神上的享受。品饮茶艺，既考核选手沏茶与品茶基本技能的"茶样品鉴"竞技，也考核选手沏茶与品茶技能运用的"以茶会友"解说竞技。用心沏茶，操作的是手，沏泡的是心；技是艺的根基，艺是技的德性；关怀的终极是人，传递的载体是道。

一、品饮茶艺竞技内容

品饮茶艺竞技，参赛选手根据赛前抽签确定冲泡品饮的茶类和比赛主题，在规定时间内（10分钟）于候考区内选择要用的茶具、背景、音乐等素材。进入比赛场地后，根据选用茶具布席（布席时间4分钟），营造品茗环境与氛围，从参赛选手的仪表仪容、茶席布置、冲泡品饮技法、茶汤质量等方面展示真实品饮生活；每位参赛选手根据所选茶类、主题、茶具冲泡2次，每次冲泡5杯，其中4杯分别奉给4名裁判，第5杯自品，并结合主题解说该泡茶汤的色、香、味；所有器具及茶叶均有举办方提供，参赛服装自备，以休闲生活服饰为宜，比赛时间不少于10分钟，不超过13分钟。品饮茶艺主题分为敬师茶、婚礼茶、雅集茶、推介茶，其中敬师茶包括毕业谢师茶和老师生日寿辰茶，婚礼茶包括现代婚礼茶和传统婚礼茶，雅集茶包括汉服雅集茶和插花雅集茶，推介茶包括中茶博推介茶和茶叶图书推介茶。

2015年，在全国职业院校中华茶

艺竞赛品饮茶艺竞技设计时，为了让选手了解茯砖黑茶和茶样撬茶处理操作，特意增设"每位选手都要进行黑茶（茯砖）茶样处理（撬茶）"操作考核，为了优化比赛整体时间掌控，避免在创新茶艺现场提问环节的主观因素影响竞赛的客观公正性，特意将创新茶艺竞技环节中现场理论提问作答，改成品饮茶艺候考环节的理论试卷作答（书面答题）；理论作答涉及泡茶技艺有关的中华茶文化历史、茶叶种类、茶叶审评、泡茶基本要素、茶艺与音乐、少数民族饮茶风俗等茶艺理论知识五道客观问题。

二、品饮茶艺竞技流程

品饮茶艺具体流程：领队会议抽取品饮茶艺的主题与茶类，如婚礼茶＋红茶；品饮茶艺时选手先进入备考区确认信息后，然后根据抽签的主题与茶类选择所用的音乐、背景、成套盖碗、桌布及统一的辅助茶具；临到选手进入品饮赛场时，在4分钟内完成成布置茶席，超时带入下一环节，比赛开始后选手围绕自选的婚礼风格（如现代婚礼）进行品饮环境营造比赛，泡茶过程中结合抽签品饮主题，解说所泡的品质。竞技主要流程总结如下：

抽签（前一天）→素材选择→环境营造→礼仪交流→科学沥泡→相互品饮→以茶会友（或评语撰写）→收具答礼。

三、科学泡茶方法

1. 影响泡茶质量的因素

一杯好茶汤构成的因素，通常有五个方面，即泡用茶、泡茶用水、泡茶用具、泡茶之人，当然还有一个品茶的人。关键是泡茶人的技法和饮茶需要科学得法。泡茶技法中影响茶汤质量的基本上沏茶水温、沏茶时间、茶水比例、沏茶次数及沏泡注水和出汤手法。影响茶汤质量最主要的三个因素是沏茶水温、沏茶时间和茶水比例。

（1）泡茶的水温

一般来说，泡茶水温与茶叶中有效物质在水中的溶解度成正比，水温越高，溶解度越大，茶汤越浓；反之，水温越低，茶汤就越淡。需要说明的是，无论用多少温度的水泡茶，都应将水烧开之后（蒸馏水除外），再冷却至所要求的温度。冲泡茶叶的水温对茶汤的成色有极大的影响。按照水温可以分为三种方式，即高温泡茶（95～100℃）、中温泡茶（85～95℃）、低温泡茶（低于85℃）。

表 4-1 各种茶类沏泡水温比较

茶类	水温（原常识）	水温（建议值）
安吉白茶、太平猴魁	60～65℃	80～85℃
一般名优茶	80～85℃	85～90℃
黄茶	85～90℃	85～95℃
花茶、红茶	95℃	95℃
老白茶、普洱茶	100℃	100℃
轻发酵乌龙茶	85～90℃	90～95℃
重发酵乌龙茶	90～95℃	95～100℃
备注：温度增加5℃，泡茶时间适当减少		

高温泡茶主要适合普洱茶、老白茶和乌龙茶，高水温能够有助提升该类茶的茶汤质量；中温泡茶主要适合红茶、黄茶和发酵轻度的乌龙茶，当然冲泡时间适当缩

短也适宜一般名优茶，不用担心高温破坏茶叶营养成分，毕竟在泡一道茶时间内营养成分破坏不大；低温泡茶主要适合原料较嫩名优春茶，尤其是茶多酚含量不高、氨基酸含量较高的名优茶。

（2）泡茶的时间

茶叶汤色的深浅明暗和汤味的浓淡爽涩，与茶叶中水浸出物的数量特别是主要呈味物质的泡出量和泡出率有密切关系。绿茶主要呈味成分各次冲泡后的泡出量是头泡最多，而后直线剧降，各个成分的浸出速度有快有慢。如呈鲜甜味的氨基酸和呈苦味的咖啡碱最易浸出，呈涩味的儿茶素浸出较慢，其中滋味醇和的游离型儿茶素与收敛性较强的酯型儿茶素两者浸出速度亦有差别的，以游离型儿茶素的浸出速度较快。

冲泡时间不足，汤色浅，滋味淡，红茶汤色缺乏明亮度，因茶黄素的浸出速度慢于茶红素。冲泡超时，汤色深，涩味的酯型儿茶素浸出量多，味感差。尤其是泡水温度高，冲泡时间长，自动氧化缩聚的加强，导致绿茶汤色变黄，红茶汤色发暗。通过实践品饮判断，在150毫升茶汤中，多酚类含量少于多少量的味淡，多则浓，过多又变涩，从而确定冲泡茶的时间。而多酚类与咖啡碱在浸出含量比率，以3:1为宜。

表4-2　不同冲泡时间茶汤中主要成分的溶解 (g)

冲泡时间（分钟）	1	2	5	10
多酚类	0.089	0.131	0.182	0.294
咖啡碱	0.027	0.050	0.062	0.067
多酚类碱	3.3	2.6	2.9	4.4

研究表明，在冲泡开始1分钟之内多酚类与咖啡碱二者在茶汤中浸出含量比出现一次3:1，大约在25~45秒范围；在冲泡1至2分钟之间茶汤中二者含量浓度比也出现一次3:1，大约在1分钟15~35秒范围；另外一个适宜浓度比就是在5分钟左右，也就是往常茶叶审评时间。因此，可以根据茶类品质特性和该比例值考虑茶叶沏泡时间。

（3）茶水的比例

茶叶冲泡时，茶与水的比例称为茶水比例。茶水比不同，茶汤香气的高低和滋味浓淡各异。为了使茶叶的色、香、味充分地冲泡出来，使茶叶的营养成分尽量地被饮茶者利用，其中应注意茶、水的比例。据研究，茶水比为1:7、1:18、1:35和1:70时，水浸出物分别为干茶的23%、28%、31%和34%，说明在一定的水温和冲泡时间前提下，茶水比越小，水浸出物的绝对量就越大。另外，茶水比过小，茶叶内含物被溶出茶汤的量虽然较大，由于用水量大，茶汤浓度却显得很低，茶味淡，香气薄。相反，茶水比过大，由于用水量少，茶汤浓度过高，滋味苦涩，而且不能充分利用茶叶的有效成分。

一般来说，茶水的比例随茶叶的种类及嗜茶者情况等有所不同。嫩茶、高档茶用量可少一点，粗茶应多放一点，乌龙茶、普洱茶等的用量也应多一点。对嗜茶者，一般红茶、绿茶的茶、水比例为1:50至1:80，即茶叶若放3克，水应冲150至240毫升；对于一般饮茶的人，茶与水的比例可为1:80至1:100。喝乌龙茶者，茶叶用量应增加，茶与水的比例以1:30为宜。家庭中常用的玻璃杯，每杯可投放茶2克，冲开水150毫升。不同茶类、不同泡法，由于香味成分含量及其溶出比例及饮茶习惯不同，对香、味要求各异，对茶水比要求也不同。

表4-3 沏泡茶中茶水比例比较

茶类	茶水比	备注
名优茶（绿茶、红茶、黄茶、花茶）	1:50	茶水比在遵循常规原则同时，还要考虑客人数量和品饮时间，通过冲泡时间调整满足茶汤质量需要；另外，茶耐泡，除了冲泡次数，叶是否还要考虑茶水比不同
多酚含量低名优茶（安吉白茶、太平猴魁）	1:30	
大宗茶（绿茶、红茶、黄茶、花茶）	1:75	
白茶	1:20～1:25	
普洱茶	1:30～1:50	
乌龙茶	1:12～1:15	

2.茶叶品鉴与沏泡技法

（1）茶叶品鉴

茶叶质量品鉴过程中，外形紧结度好、锋毫显、身骨重的嫩度好；外形色泽油润有光泽嫩度较好；汤色以明亮度好、清澈度高的为佳；香气以细腻优雅、馥郁、鲜爽、持久为好品质；滋味要求口感丰富度饱满度好（醇度）、润滑度好（甘鲜度）、汤香融合度好、协调性、平衡度好为宜；叶底评判嫩度、匀度、色泽，以嫩度高，匀齐度好，色泽明亮为佳。

茶汤香气的嫩鲜度、细腻度、丰富度是香气品鉴的重点；嫩度是茶叶等级高低最重要因子，等级越高嫩度越好，嫩鲜度和粗气的强弱判别是香气排序关键点。茶汤滋味品鉴重点是醇度、稠厚度、甘鲜度、细润度；以嫩度在滋味中最清晰的"润滑醇鲜"呈现为切口，滋味的醇鲜甘润和糙、粗的强弱是滋味排序的关键点。

（2）杯泡三投法

明代张源《茶录》提出："投茶有序，毋失其宜。先茶后汤，曰下投。汤半下茶，复以汤满，曰中投。先汤后茶，曰上投。春秋中投，夏上投，冬下投。"现在的投茶三种方法是指玻璃杯泡绿茶时按照茶的老嫩程度及外形特征，采用上投法、中投法、下投法投茶入杯。

上投法，茶形细嫩，全是芽头或满身披毫的绿茶适合用于此法投放茶叶，如信阳毛尖、碧螺春等。具体方法：先在杯中注入七八分满85℃左右的热水，然后再投放茶叶。

中投法，茶形紧结，扁形或嫩度为一芽一叶或一芽二叶的绿茶，适宜采用此法投放茶叶，如西湖龙井、安吉白茶等。具体方法：先在杯中注入三分适宜温度的水，然后投茶，轻轻摇转杯中茶，促使茶叶被水浸润，然后再注水至七八分满。

下投法，茶形较松及嫩度较低的绿茶，适宜用此法投放茶叶，如太平猴魁、六安瓜片等。具体方法：先在杯中投入适量的茶叶，然后沿杯壁注入适宜温度的水至七八分满。

（3）醒茶和温润泡茶

明代钱椿年《茶谱·煎茶四要》记载："凡烹茶先以热汤洗茶叶，去其污垢、冷气，烹之则美。"这是最早有文字记载在沏茶过程中对茶叶进行醒茶和温润泡目的阐述的文献。不管阐述的是否正确，但是表明自古茶客就有在泡茶前进行处理的饮茶技法和习惯，往常称之为洗茶，容易引起歧义，因此，现将其定名为醒茶和温润泡。醒茶和温润泡茶最大目的有两点：一是茶饮时的一道礼仪的程序，是中国饮食文化和文明礼仪的体现；二是更好地品味茶叶的香气和滋味，以唤醒茶质，便于茶叶的舒展和茶汁的浸出而提升泡茶质量；尤其是针对当下人们在追求美好生活的新时代，对部分茶叶进行醒茶和温润泡茶技法操作就更有意义。

通常刚加工完的茶叶火气较大，最好将茶叶储存一段时间后再饮用品质较好。储存一段时间后，火气虽褪，却添冷气。通常来说，像铁观音、绿茶做出来之后放入冷藏，或者是存放在干冷的瓮中，就是冷气的来源之说。在冲泡这类茶时，先用沸水激活茶叶，去除冷气，好似让茶性苏醒一样，故而称之为"醒茶"。除了用沸水醒茶之外，普洱茶还有另一种醒茶方式。生普的醒茶，是指干仓存放了一段时间的茶取出来之后，在喝之前，先放在一个紫砂罐里存放一段时间如3~5天，道理类似给红酒醒酒一样；熟普醒茶目的是去除堆味，特别是年份在三年内的，渥堆气比较重。醒茶时建议将茶饼撬开后包着棉纸放在纸盒中醒茶。用热水醒茶被称为"湿醒"，放在空气中让茶叶透气则被称为"干醒"。

温润泡茶更适用于一些外形比较紧结的茶叶，操作过程中润出物少，损耗茶的内含物质对茶汤品质影响不大。如砖茶、饼茶、沱茶等，在温润泡茶时，稍微让茶块泡一会，在真正冲泡时快速出味；对这类紧压茶温润泡时，为了获得更好茶汤品质，建议快速温润两次左右，茶叶压的越紧，温润时间稍久，以茶汤透亮为准。在沏茶操作中，温润泡的手法就是将茶叶投入壶、公道杯或盖碗中后，将沸水倒入壶中，刚好在茶叶的上面，然后用手握壶轻摇壶身，再根据茶特点决定温润时间长短，再将润茶水倒出。温润泡可说是第一泡茶的"热身运动"，对于原料比较细嫩、茶内含物容易浸出的茶，如绿茶、白茶、黄茶、红茶等，温润泡的茶汤可以直接饮用，不要倒掉。

课题二 品饮茶艺竞技

品饮茶艺竞技，将生活与工作、品茶与茶艺相得益彰，既坚守沏品茶的科学性，又兼顾茶艺的观赏性，在兼顾茶叶品鉴沏泡专业技能和茶区地域特色属性外，更注重挖掘学生技艺创新培养。品饮茶艺，将茶艺的风雅、审美融入日常生活中，既保留积淀的文化意蕴，又努力融入日常生活形态，因此也可称为生活茶艺。它是茶艺师针对特有人群，根据一定的主题、茶类，通过布景营造品茗氛围，引导品茗者欣赏茶样、了解茶品、细闻茶香，相互品饮。柯林斯说："仪式是一种相互关注的情感和关注机制，它形成了一种瞬间的关注现实，因而会形成群体团结和群体成员性的符号。"品饮茶艺演示作为仪式化的个体活动，以日常或非日常的饮茶生活为场景，遵循着美好生活原则，又超越日常饮茶闲情。

一、品饮茶艺主题内涵

开发设计品饮茶艺时，当时之所以安排品饮茶艺主题，就是想模拟学生毕业后工作的场景，以便通过品饮茶艺竞技更快更好地培养社会需要的茶艺人才。设计敬师茶主题，想通过茶艺传承弘扬尊师重教传统美德，同时也想把茶艺服务日常生活中经常会遇到的尊老爱幼饮茶活动，为茶艺更好走进家庭创造切入口；设计婚礼茶主题是想让茶艺与人生最美

好的喜庆日子婚礼相结合，以一种喜闻乐见的方式传播茶文化；设计雅集茶主题，尤其是推出汉服主题雅集和插花主题雅集，一是想让茶艺深深融入人们追求美好生活；二是想以茶载道，传承中华优秀传统文化；设计推介茶主题，想让茶艺服务于商务活动，以便为培养茶叶营销人才提供实践机会，特意安排了两类与茶有关的商务推介，分别是中国茶叶博物馆和茶叶图书推介，很有代表性的两类产品商务活动，便于学生茶艺的教与学。

二、品饮茶艺竞技评分

品饮茶艺竞技，素材统一、茶叶统一、主题抽签确定，时间统一。着重于茶汤品质的呈现，以日常生活中，让亲友轻松、舒适地喝上一杯高质量的茶汤为目的，考量选手冲泡茶汤的水平、对茶叶品质的表达能力及接待礼仪水平。评委从礼仪/仪容/神态（15分）、品饮环境营造（茶席布置）（18分）、茶汤品饮质量（31分）、冲泡操作规范（21分）、品饮茶艺解说（10分）、竞赛时间（5分）等方面进行评比。

1. 礼仪、仪容、神态（10分）

形象自然得体，具有亲和力；仪容、神态自然端庄，站姿、坐姿、行姿大方，礼仪规范。

项目	分值	评分标准	扣分细则
礼仪、仪容、神态（15分）	6	形象自然得体，具有亲和力	（1）妆容不当，扣1分 （2）神态木讷，扣1分 （3）表情不自然或缺乏亲和力，各扣1分 （4）其他因素酌情扣分
	6	仪态端正，优雅大方	（1）未行礼，扣1分 （2）姿态不端正，扣1分 （3）手势夸张、做作，扣1分 （4）其他因素酌情扣分
	3	品茶、奉茶姿势自然，大方得体，礼貌用语	（1）奉茶未行伸掌礼或不恰当，扣1分 （2）不注重礼貌用语，扣1分 （3）品饮姿势不规范，扣1分 （4）其他因素酌情扣分

2. 品饮环境营造（18 分）

茶具选配合理，准备有序，位置摆放正确；品饮氛围适宜。

项目	分值	评分标准	扣分细则
品饮环境营造（18 分）	9	茶器具布置与排列有序、合理	（1）茶具不齐全、或有多余，扣 1 分 （2）茶具排列杂乱、不整齐，扣 2 分 （3）冲泡过程席面不清洁、混乱，扣 2 分 （4）其他因素酌情扣分
	9	茶具选配合理，品饮氛围适宜	（1）茶具材质选配欠合理，扣 1 分 （2）茶具色系选配欠恰当，扣 1 分 （3）环境音乐不协调，扣 1 分 （4）茶席整体色彩搭配欠合理，扣 1 分 （5）茶席背景与主题欠和谐，扣 1 分

3. 茶汤品饮质量（31 分）

每道茶沥泡两次、奉品两次，要求茶汤适量，温度适宜，充分表达所泡茶叶的色、香、味等特性；汤色深浅适度，汤香展现所泡茶叶的品类特色；滋味浓淡适度，能突出所泡茶叶的品类特色；两泡茶汤均衡度、层次感好。

项目	分值	评分标准	扣分细则
茶汤质量（31 分）	16	茶汤色、香、味表达充分	（1）两道茶汤色泽表达不充分或差异明显，扣 2 分 （2）两道茶香气呈现不充分，扣 2 分 （3）两道茶汤滋味表达不充分或差异明显，扣 2 分 （4）其他因素酌情扣分
	9	茶汤适量，温度适宜	（1）奉茶量差异明显，过量或过少，各扣 2 分 （2）茶汤温度不适宜，扣 3 分 （3）冲泡后茶汤量过多或过少，扣 2 分 （4）其他因素酌情扣分

项目	分值	评分标准	扣分细则
	6	茶品质分析合理	（1）对茶、对表述与茶叶品质不符，扣2分 （2）对茶汤质量的表述与实际情况不符，扣2分 （3）其他因素酌情扣分

4. 冲泡操作规范（21分）

冲泡程序契合茶理，冲泡要素把握恰当；冲泡手法娴熟自然；收具规范，有条理。

项目	分值	评分标准	扣分细则
冲泡操作规范（21分）	14	程序契合茶理，冲泡要素把握恰当	（1）冲泡顺序颠倒或遗漏一处扣2分，两处及以上扣5分 （2）冲泡水温不适宜，扣2分 （3）茶叶掉落在外面，扣1分 （4）投茶量过多或过少，扣1分 （5）冲泡时间不到位，扣2分 （6）茶样处理不规范，扣1分 （7）其他因素酌情扣分
	5	冲泡手法娴熟自然	（1）冲泡过程不连贯，扣2分 （2）水洒出茶具外，扣1分 （3）茶器具翻倒或多次碰出声音，扣1分 （4）其他因素酌情扣分
	2	收具规范，有条理	（1）收具缺乏条理，扣1分 （2）收具有遗漏，扣1分

5. 品饮茶艺解说（10分）

体现主题、茶类、身份及茶品质。

项目	分值	评分标准	扣分细则
品饮茶艺解说（10分）	10	体现主题、茶类、身份及茶品质	（1）主题没有交代与呈现，扣3分 （2）茶类与主题关联没有交代，扣2分 （3）茶叶品质没有描述，扣2分 （4）两道茶汤品饮缺乏引导用语，扣3分 （5）其他因素酌情扣分

6. 竞赛时间（5分）

竞赛操作在10~13分钟内完成。

项目	分值	评分标准	扣分细则
竞赛时间（5分）	5	在10~13分钟内完成茶艺操作	（1）超1分钟之内，扣1分 （2）超1~2分钟，扣3分 （3）超2分钟及以上扣5分 （4）少于8分钟，扣5分 （5）8~9分钟，扣2分 （6）9~10分钟，扣1分
备注：如遇停电等突发事故，非选手因素引起的时间不足或超时不扣分			

三、品饮茶艺技术要领

1. 环境营造须当先

茶艺源于日常生活，品饮茶艺的表达形式是可及、可分享的，并始终是日常生活的艺术，是生活的艺术化呈现。所以，品饮茶艺的展示过程中，尽可能做到形式和流程呈现其特定的技术、规则和规范，这些特定的技术和规范可以存在于生活之中，可以为普罗大众分享。作为竞技茶艺，要营造一种让人身心愉悦、轻松交流的氛围，需要选手具备一定亲和力，其中得体的礼仪交流必不可少。头发应梳洗干净、整齐；发型适合自己的脸型、气质；短发低头时不要挡住视线；长发泡茶时要束起，用发胶或固定，以免散落的头发掉到脸上影响操作。化妆清新淡雅——茶艺人员宜着淡妆，忌浓妆艳抹，不要佩戴夸张首饰，不可涂抹香水、香粉、指甲油等有刺激性气味的化妆品，以免影响茶的本味。着装要得体大方——品饮茶艺演示时着装以整洁大方、自然、日常化为宜。茶事服务形体礼仪要大方、得体。品饮茶艺以围坐品饮为主，品饮者之间近距离交流，语言表述、手势指引、目光互动等礼仪交流至关重要。

2. 科学沏泡是关键

茶叶的基础类别有六大类，不同类别的茶自有千变万化的茶形、茶性和茶名，有不同的特征，选择与之适配的器、水、火、境，在不同的组合下便呈现出千姿

百态的表现手法。围绕茶叶基本特性的要求，选择合适的沏泡技艺来体现茶汤的特征，完成饮茶的活动，真实可信的科学与物尽其用的文化在此达到完美的结合。训练过程中要重视茶叶冲泡技法练习，重视不同茶类的冲泡方法，重点掌握影响茶汤的要素。泡茶时，要掌握泡茶三要素，根据不同的茶类、加工方法、茶的特性，掌握好茶的用量、开水温度、冲泡的时间。

3. 根据茶类与水温选手法

常见的注水方式有回旋斟水法，注入开水约占杯子的三分之一，逆时针方向回旋；凤凰三点头法，提壶向杯中注水上下三次，中间不间断水流；悬壶高冲法，提起水壶于较高处，逆时针打圈倒水，水流不断，在快注满时低处收水。除去上述常见的三种注水方法，还有定点冲泡法，结合茶汤的浓度和冲泡的次

数，选择不同的点位进行冲泡，如在茶叶冲泡的前一两泡，选择叶底端的另一侧沿着盖碗壁或者壶壁注水，这样叶底旋转的力度不是很大，茶汤不易过浓，当随着冲泡次数增加茶汤浸出浓度不高时，此时沿着叶底端一侧的盖碗壁或者壶壁注水，叶底旋转力度很强，内含物充分的浸出。

四、品饮茶艺竞技指导

品饮茶艺竞技，就是倡导一种规范、实用的品茶趋势，让更多的人感受到茶叶最质朴、最自然纯正的味道。在日常活动中，让亲友轻松、舒适地喝上一杯高质量的茶为目的，考量选手冲泡茶汤的水平、对茶叶品质的表达能力及接待礼仪水平。

1. 多喝茶多泡茶多体验

茶艺是一门经验学科，泡茶更是手艺活，必须靠平时多看多练习多积累。在日常活动中，多训练并且创造机会让学生给亲友、老师、朋友泡茶，归根结底就是手头的工夫，任何一个环节的疏忽都会影响茶性的发挥和茶汤的滋味，多喝多冲泡才对茶汤有感觉。设定特定的问题情景，体验在不同的特定场合下角色所特有的心理感受，角色扮演、角色转换等方式，例如，在讲解茶馆服务时，让学生扮演茶艺师的角色，身临其境地为客人推荐某款茶和冲泡某款茶，可通过让学生扮演顾客，加深去理解顾客的需求和心理感受。

2. 以茶会友说茶掌握分寸

为了让短暂的10~13分钟品饮茶艺在轻松愉快中度过，建议参赛选手在沏茶过程中紧紧围绕抽选的场景主题进行，不然容易造成解说话题混乱。在说茶时要掌握分寸，既不能从头说到尾，更不能从头闷到尾。建议在沏泡过程中介绍解说3~4次为宜，开场一次、结束一次，两杯茶交换时一次，等待过程中一次，务必注意解说不能影响泡茶质量，整个沏茶过程中始终面带笑容，就好像接待老友或前辈一样。介绍茶叶特色和茶汤品质时，要实事求是，不要留下背诵的痕迹，即使茶叶品质特征没有沏泡出来，也要将已经泡出的茶汤色香味正确描述，照样可以得到评审用语分值。

3. 认真研读评分标准

泡茶过程中切忌出现不好的沏茶习惯或不规范的操作手势，席面布置与指定茶艺类似，允许选手根据主题添加几个点缀的茶席元素；建议仔细研究评分标准：神态自然，动作规范，不夸张、不做作；冲泡流程熟悉、连贯，匀速且有节奏感；所冲泡茶叶的品质特征体现到位，茶汤质量好；品饮主题融合得好，与评委互动交流恰到好处；自我品鉴后，能找出茶叶工艺上的缺陷；应变能力佳，能合理处置突发事件。切忌操作：不注重卫生细节、冲泡水温控制不当、奉茶量不均衡、解说互动不够、茶叶冲泡不到位、水滴落在桌布上。

　　简而言之，平时多训练，比赛时按照所选茶类及主题搭配好相关素材、契合主题营造品饮环境、泡好茶和说好茶。

五、品饮茶艺竞技示例

1. 敬师茶品饮茶艺

　　以茶敬师表谢意。"礼者，敬而已矣。"无论是过去的以茶祭祖，还是今日的以茶敬师，都充分表明上茶的敬意。久逢知己，敬茶洗尘，品茶叙旧，增进情谊；客人来访，初次见面，敬茶以示礼貌，以茶媒介，边喝茶边交谈，增进相互了解；朋友相聚，以茶传情，互爱同乐。以茶言礼，表达情感，茶艺师以其娴熟的技法和艺术修养为基础，将仪式感与生活感恰到好处地融入沏茶、饮茶过程中，逐一感知，无需借助任何外力，传达以饮茶为契机的情感。以茶敬师，发轫于日常生活的饮茶礼法在品饮交流中进一步得以渲染。

　　（1）敬师茶示例

　　茶品：白牡丹　茶器：白瓷盖碗　音乐：敬

　　礼仪交流：请各位老师入座。

　　尊敬的各位老师，大家好！在我求学的路上得到了很多老师的指引，人生如茶，师恩如山，今天以茶言谢，以茶感恩，给老师们冲泡一款白牡丹。

【拨茶叶赏茶】

交流：各位老师，请赏干茶。

描述：这款白牡丹产于福建福鼎，大家可以看到其外形绿叶夹银白毫心，色泽深灰绿。停留3秒，收回茶荷，倒水温盖碗、公道杯。

交流：俗话说：好茶配好水。今天我们生水现烧，在冲泡前先让我们温碗烫盏。

【拨茶叶进去】

交流：请各位老师闻干香。

老师闻茶香的同时开始温品茗杯，温完收回茶荷，闻香。

礼仪交流：可以闻到有毫香。

交流：下面为大家冲泡第一道茶。

加水等待出汤，可以适当交流。

交流：各位老师，请用茶。

描述：我们可以看到它的汤色是浅杏黄，香气清纯有毫香，滋味清甜（清淡）。

交流：接下来我为大家冲泡第二道茶。

【加水等待出汤】

交流：怀着专注、虔诚的心期待着茶的出汤，就像各位老师期待着自己的学生能青出于蓝而胜于蓝一样，让我们品茗这怀着我浓浓感恩心的最后一杯茶吧。

浓浓的茶香代表了学生的感激之情，今天的谢师茶到这里就结束了，再次感谢各位老师的关心、帮助和指导，祝愿大家生活幸福，年逾茶寿！谢谢！

（2）敬师茶评析

生活茶艺需要有一定的形式和手法，才能将内心情感、品饮主旨充分传达并感染品饮者。茶艺师是品饮茶艺的引导者和组织者，需要有足够的能力来调整品饮过程呈现的节奏、韵律、情感等，并将其和谐地统一到沏茶、饮茶的规定时空中。同样一款茶、同样一个主题，同样的器具，不同的茶艺师，会呈现不同的品饮效果，从这个维度讲，品饮茶艺是二度创作的艺术。以茶敬师的礼仪是与我国饮茶的生活习性和以茶待客的礼仪相联系的。饮茶，到了宋代已经成为家家户户生活的必需品，许多文人雅士常常以茶会友，饮茶也成为中国人日常最普遍的一种礼俗。可以说，茶渗透到了人们生活的各个方面，作为一个人际交往的过程，无茶不成礼，为师表敬意先奉茶。

2. 婚礼茶品饮茶艺

以茶为礼表情深。茶与婚俗的结缘从唐代就开始了。唐中期以来，茶便十分盛行于国人的日常生活之中，中国茶道鼻祖陆羽的《茶经》记录了唐代的饮茶情况，同时也使得饮茶之风得以盛行。在历史的发展变迁中，"茶礼"这种中华民族所特有的风俗礼仪也经历着形成、不断变化发展直至最后成为我国婚俗当中非常重要的一个环节，每个朝代都赋予其新的形式，也给其注入新的精神和内涵，使其一直保持着旺盛的生命力，并影响着我国社会风俗的发展。在很多著作中，如同梅兰竹菊象征君子志行高洁一样，茶则被公认为一种代表高尚节操的植物。在我国，茶代表了高洁的人格和高雅的情操，茶艺在人们日常生活中的象征意义与精神内涵日益增加。

（1）婚礼茶示例

茶品：广西六堡　茶器：盖碗　音乐：竹枝词

礼仪交流：请各位来宾入座。

尊敬的各位来宾，大家好！今天是良辰吉日，喜气盈门，处处都体现着和谐美满、热闹兴旺，欢迎大家来参加今天的婚礼，恭贺两位新人走进幸福的婚姻殿堂。今天为大家带来一款六堡茶，这款茶来自广西六堡，下面为大家冲泡这道茶。

【拨茶叶赏茶】

交流：各位来宾，请赏干茶。

大家可以看到其色泽黑褐光润，停留3秒，收回茶荷。倒水温盖碗、公道杯。

交流：俗话说，好茶配好水。今天我们生水现烧，在冲泡前先让我们温碗烫盏。

【拨茶叶进去】

交流：各位来宾，请闻干香。

来宾闻茶香的同时开始温品茗杯，温完收回茶荷，闻香。

交流：各位来宾，有没有闻到槟榔香？

下面我来为大家冲泡第一道茶。

【加水等待出汤】

交流：好的婚姻需要经营，好的茶要用心品味，让我们怀着真挚的心祝愿这对新人白首偕老。各位来宾请用茶。我们可以看到它的汤色是红浓明亮，香气醇陈，略有槟榔香味，滋味醇和。

接下来我为大家冲泡第二道茶。

加水等待出汤，适当交流。

时间过得挺快的，临近吉时，让我们恭迎这对新人的到来，祝他们在未来在爱的旅游中如这道茶一样甜甜蜜蜜，真爱一生，也祝各位来宾生活幸福，家庭美满。谢谢大家！

（2）婚礼茶评析

中国茶文化实质上是一种精神文化。茶不仅能满足人们日常生活中解渴、治病、去腻等生理需求，更重要的是与茶所代表的精神内涵有关，茶渐渐发展成为中华民族日常生活中不可或缺的饮品，以饮茶为中心的茶文化也成为中国文化的精髓。中国人的婚事，处处都体现着和谐美满、热闹兴旺，婚礼中的以茶待客，以茶为礼，能够很好地传达真挚的友谊，使人们在这种礼俗中得到沟通和交流，传达美好的情谊，在这种茶礼文化的熏陶下，也有助于人们提升自己的道德修养，使人生境界在茶礼中得到提升。古代婚俗中以茶为礼的风俗之所以能够在社会上盛行并且流传下来，究其根本并不一定是由于茶叶这种植物具有多么昂贵的价值，而是基于茶叶的文化内涵及象征意义。此时的茶礼，其内涵早已超出了茶本身的范围，而是变成了婚俗嫁娶当中诸多礼节的代名词。随着茶文化的兴盛与历史的发展，茶叶本身也渐渐被赋予新的含义，被当作纯洁的象征、吉祥的化身，成为青年男女交往过程的纽带，同时也成为婚俗礼仪当中非常重要的一部分，使得茶的内涵上升到精神高度。婚礼茶品饮茶艺的总体基调是喜庆、欢悦的。喜结连理、以茶为礼，顺理成章。

3. 雅集沙龙品饮茶艺

以茶为礼可雅志。古代文人雅士聚集一起，通过焚香、挂画、瓶供、吟咏诗文、抚琴礼茶等艺术形式陶冶情操，绿郊山野，松风竹月，烹泉煮茗，吟诗作对。这种以文会友的聚会在古代称之为"雅集"。形式与内容接近于现代的沙龙，雅集即是"雅"，需要有雅人、雅兴、雅事。宋元以降，焚香、烹茶、插花、挂画，被文人雅士并举为"生活四艺"，是稍有素养者不可或缺的。以茶雅志，以茶养性，中国人向来尊孔孟，重儒教，儒家学说和思想在中国人心中有着不可撼动的地位，这种精神也深深融入中国茶文化之中，以茶为礼便是儒家思想与茶文化深度融合的产物。

（1）雅集汉服茶示例

茶品：西湖龙井　茶器：白瓷盖碗　音乐：春江花月夜

礼仪交流：请各位老师入座。

欢迎大家来到汉服雅集！汉服，全称为"汉民族传统服饰"，指的是从黄帝继位到明末清初，汉族传统服装和配饰体系，是中华民族"衣冠上国""礼仪之邦"的体现。当今社会高速发展，现代人正寻求一种慢生活，茶文化与汉服文化属于中国的传统文化，也受到越来越多人的关注。下面让我们边喝茶边聊聊汉服，今天跟大家分享的是西湖龙井。

【拨茶叶赏茶】

交流：各位老师，请赏干茶。这款西湖龙井产于浙江杭州，大家可以看到其外形扁平光滑，色泽绿翠。茶有"四绝"：色绿、香郁、味甘、形美。欲把西湖比西子，从来佳茗似佳人。龙井既是地名，又是泉名和茶名。

停留3秒，收回茶荷。倒水温盖碗、公道杯。

交流：俗话说，好茶配好水。今天我们生水现烧，在冲泡前先让我们温碗烫盅。

【拨茶叶进去】

交流：请各位老师闻干香。

各位老师闻茶香的同时开始温品茗杯，温完收回茶荷，闻香。

交流：我们可以闻到明显的板栗香。

下面为大家冲泡第一道茶。

【加水等待出汤】

交流：各位老师，请用茶。我们可以看到它的汤色呈浅黄，香气为板栗香，滋味鲜爽甘醇。

接下来我为大家冲泡第二道茶。

加水等待出汤，品饮。

交流：汉服，全称是"汉民族传统服饰"，又称汉衣冠、汉装、华服，是从黄帝即位到17世纪中叶（明末清初），在汉族的主要居住区，以"华夏—汉"文化为背景和主导思想，以华夏礼仪文化为中心，通过自然演化而形成的具有独特汉民族特征的服饰，明显区别于其他民族的传统服装和配饰体系，是中国"衣冠上国""礼仪之邦""锦绣中华"的体现，传承了30多项中国非物质文化遗产及受保护的中国工艺美术。让我们共品一杯茶，沿着传统文化的足迹前行。

（2）雅集茶评析

茶叶是平和之物，人们在煮茶品茶的过程中能够平和自己的思想心绪，茶的审美境界能消除人的烦恼，并产生高尚、清雅的韵致。品饮茶艺是由茶艺师与欣赏者共同创造的。茶艺师开始沏茶，欣赏者（饮者）便跟随茶艺师呈现茶汤的每个步骤，不由自主控制自己的呼吸，直至茶汤到饮者手中，品饮过程逐一展示。饮者既是艺术欣赏者，又是艺术创造者，两者浑然一体。总之，品饮茶艺"为沏好一杯茶而存在"，在人、事、物相互交融中升华、促进。

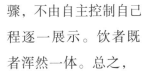

饮茶可以创造和谐氛围，可以修身，可以修德，可以完善人格。茶艺是茶文化的艺术呈现，

是以茶为载体、以茶艺为媒介向人表达尊重的一种方式。中华茶文化源远流长、博大精深，茶艺以"纯、雅、礼、和"为文化特质，融合传统礼仪与现代美学表达，结合具体情境展示中华传统文化之美。

模块五

茶|席|设|计

茶席始于我国唐朝，一群诗僧与遁世山水间的雅士对喝茶讲究了起来，茶席也便出现了。宋代文人喜欢把茶席置于自然山水之中，还喜欢把一些取形捉意于自然的艺术品摆设在茶席上，逐步开始形成了茶席"四艺"。茶席，从唐的华丽奔放，到宋的简洁内敛，再到明清，茶席已经发展到至精至美的文人风雅。茶席在生活中，总是扮演美学的先行者，即便没有固定的茶室，只要一只托盘，一地草席，在日常的生活场域都能点化出些许茶味来。现代茶艺是一种精致的诗意生活方式，要想从茶的滴水微香中感悟大自然的真味，领略生活的真趣，每次茶事活动无不从精心准备、用心布置茶席开始；无论简约潇洒，或是隆重华丽，茶席的高雅情调丰富了现代人味觉飨宴之外的精神情趣。茶，解渴清心，以品为上；茶滋于水，水籍乎器；茶汤无形，无器不盛；器为茶之父，道由器传。由茶和器而入的茶道，是一门生活化的细致的艺术，茶席则是茶道有规则、有秩序的具体表现。《道德经》云："有之以为利，无之以为用"，"有"是指具体的茶席，通过茶器，为我们构建一个舒适便利的品茗空间。"无"是指茶席为我们打开了一扇可以窥探传统之美的心灵窗户。茶席，不仅是风雅艺术的诗情画意，更是审美情趣的心灵注脚。品茶，不仅是品味茶的好坏，更是品味人生的菁华；布席，不仅是品茗空间的装饰，更是一茶一世界的生活经营。

课题一　茶席设计要旨

　　茶席，是泡茶，喝茶的地方。茶席是沏茶、饮茶的场所，包括沏茶者的操作场所，茶道活动的必需空间、奉茶处所、宾客的座席、修饰与雅化环境氛围的设计与布置等，是茶道中文人雅艺的重要内容之一。茶席，是为品茗构建的人、茶、器、物、境的茶道美学空间，它以茶汤为灵魂，以茶具为主体，在特定的空间形态中，与其他的艺术形式相结合，共同构成的具有独立主题，并有所表达的艺术组合。茶席是以茶为中心，融摄东方美学和人文情怀所构成的茶空间及茶道美学理念的饮茶方式；它不仅仅拘于茶的层面，已经成为一种复兴与发扬中的生活美学。以上关于茶席论述，有些比较形而下，质朴地说明茶席的物质功能和范畴；有些比较形而上，奢华地注重茶席的心灵层面与精神价值；有些表述很理性，茶席是茶道、茶艺的有机连接与表现；有些表述很感性，茶席属于个体生命的创作与感悟。为了便于茶席教学和茶事开展，简而言之，所谓茶席，首先是一方经过设计规划的沏茶、品饮区域；其次是传递诸多感官之美的呈现空间、台面；有的还可反映规划设计者的志趣品位，以及传承家国情怀和民俗民风主题印迹。

一、茶席设计内涵

　　茶席不同于茶室，茶席只是茶室的一部分。狭义的茶席是指从事泡茶、品饮或兼及奉茶而设的桌椅或地面；广义的茶席是在狭义的茶席之外尚包含空间，如茶席所在的房间，甚至于还包括房间外面的庭院。茶席设计，就是以茶为灵魂，以茶具为主体，在特定的空间形态中，与其他艺术形式相结合，所共同完成的一个有独立主题的茶道艺术组合整体。茶在品茗中可以说非常重要，但是在茶席设计中是否可以承载灵魂功能，还有待商榷，毕竟在同样一款茶席上，可以品鉴很多款茶，不言而喻，一个茶席只可能有一个灵魂，那就是茶席的主题。因此，茶席设计就是以茶

具为主材，以铺垫等器物为辅材，并与插花等艺术相结合，从而布置出具有一定意义或功能的茶席。在茶席设计竞赛过程中，所谓茶席设计，是指是以实现茶饮活动为目的，创作茶席的一系列过程；具体是指以场所区域、器物素材和主题立意为主要构件，创作出既遵循茶史礼仪，又便于科学沏茶的茶席过程，主要包括主题构思、素材制作、席面布置及文案凝练等系列活动。

1. 茶席功能

不同的茶席设计在茶文化空间中具备不同的功能，有的是在茶艺表演中围绕着某一个主题所设计，有的茶席是为了展示茶器或营造茶文化氛围而设计，有的是生活中用于泡茶和品饮的茶席，还有的是在茶会用于专业的茶叶品鉴。茶席最主要的功能可以归纳成两方面：

一是实用功能，茶席在设计的时候就要考虑它的实用目的和作用，以它的功能目的为设计出发点。任何器物如果不堪使用，就没有存在的意义，工艺之美就是实用之美，所有的美都产生于服务之心。茶席的首要功能是能够用于真正地泡茶和品茶，因此，在茶事活动中，首先要考虑茶席的实用性，脱离了

茶席"泡茶和品茶"用途，就失去了根本。

二是审美功能，一席精心布置的茶席，能给人美的享受，从而产生愉悦的心情，同时能够营造更加浓厚且有诗情画意的茶文化氛围。因此，茶席要经过设计者的精心布置，甚至将茶席作为一件艺术品来设计和创作，不仅要注重茶席间茶具、茶品、插花等要素的空间搭配，更要注重其审美力彰显，如一个懂得生活、热爱生

活的茶室主人，除了要珍藏陈放一些质优形美有故事的茶外，还要在茶室中布置些许字画、盆景、插花等，使其成为一隅审美空间。

2. 茶席设计中的构成理论

（1）平面构成，是将既有点、线、面的形态在两度空间的平面内，按照一定的秩序和法则进行分解、组合，从而构成预想形态和有意味的形式。首先，设计者需要将杯皿、盖置等器具，抽象为平面构成元素中的"点"，将花草、茶匙等器物抽象为"线"，将桌布、茶盘等承载物抽象为"面"；其次，将三维空间，根据茶席设计的实际需求，分割成若干二维面，如茶席背景、茶席台面和茶席地面等；最后，把茶席设计中抽象出的"点线面"元素，结合平面构成中主要构成形式（重复、近似、渐变、变异、对比、集结、发射和特异）进行围绕茶席主题的排列组合设计。点元素抽象，通过特异构成，突破单调的摆放形式，形成灵动的构图；面元素抽象，通过近似构成，到达稳定韵律感的布局，寓变化于整体统一。

（2）色彩构成，从人对色彩的知觉和心理效果出发，用科学分析的方法，把复杂的色彩现象还原为基本要素，利用色彩在空间、量与质上的可变幻性，按照一定的规律去组合各构成之间的相互关系，再创造出新的色彩效果的过程。但色彩构成不是独立存在，而是依附于平面构成后，通过色彩对比、色彩推移、色调变化、色彩混合、美化法和色彩感情等来表现茶席主题。采用色彩对比中无彩色的对比手法，即黑与白、黑与灰及白与灰的构成，可营造出"庄重而高雅，质朴而宁静"的美学；色彩推移手法，冷暖有序的渐变构成增加茶席的丰富性和幻觉空间感；中规中矩色彩布局方式，需要根据主题进行选用，选用不当可能造成呆板不灵动；色彩呼应和色彩平衡运用不当，可能造成茶席零乱、累赘和喧宾夺主；运用巧妙则可达到"你中有我，我中有你"的协同美感。在色彩感情当中，不同民族由于文化背景不同，对同样色彩可能会产生完全不同的心理感受，使得色彩具备其独特"色性"。

（3）立体构成，将形态要素按照一定的原则，组成具有美好形式的立体造型，造型方法称之为立体构成。如何通过视觉整合，把平面构成中的点线面元素和色彩构成中的色彩元素，通过形式美法则融合到立体构成中，最终运用到茶席设计；不仅要达到为茶席主题造景，而且要达到创造意境的目的。在立体构成中，材

料作为基础元素，它决定了形态、色彩和肌理等方面；材料主要分为自然材料和人工材料两大类。如在茶席中选用无色系中的白色人工材料（桌布、茶杯、茶壶），则在茶巾选用枯木色的手工织物粗麻在肌理上同自然材料枯木和天然竹子遥相呼应，自然的枯枝无论从质感还是色彩上，使人体会到一种寒冬里没有生机之感；为搭配这种自然的植物色彩，选用枯木色的杯垫进行呼应，呈现茶席立体构成意境。

二、茶席设计结构与原则

1. 茶席设计结构

结构，是物质系统内各组成要素之间相互联系、相互作用的规律方式。由于茶席的第一特征是物质形态，因此茶席必然拥有自身的结构方式，主要表现在空间距离中，物与物的必然视觉联系与相互依存的关系。茶席的表现形态不同，具体茶席的结构方式会发生变化。结构体现着美的和谐，结构美不仅表现为一般的构图规律，还是以茶席各部位在大小、高低、多少、远近、前后、左右等比例中所表现的总体和谐为追求的最高目标。其中，任何一个因素的残缺，都会破坏茶席完整美的结构形成。

（1）茶席中心结构式

所谓中心结构式，是指在茶席有限的铺垫或茶席总体表现空间内，以空间距离中心为结构核心点，其他各因素均围绕结构核心来表现各自的比例关系的结构方式。中心结构式的核心，往往都是以主器物的位置来体现。在茶席的诸种器物中，担任茶的泡、饮角色的器物——茶具，是茶席的主器物。而直接供人品饮的茶杯，又是主器物的核心器物。以主器物的位置来体现和展开的茶席，如主泡器茶壶，茶杯等，但茶杯直接供人品饮，又可以算是主器物的核心器物。以美观为主，实用性则稍显偏弱。

（2）茶席多元结构式

多元结构式又称非中心结构式。所谓多元，指的是茶席表面结构中心的丧失，而由铺垫空间范围内任一结构形式的自由组成。多元结构，形态自由，不受任何束缚，可在各个具体结构形态中自行确定其各部位组合的结构核心。结构核心可以在空间距离中心，也可以不在空间距离中心，只要符合整体茶席的结构规律和能呈现一定程度的结构美即可。多元结构的一般代表形式有流线式、散落式、桌与地面组合式、器物反传统式、主体淹没式等。

非中心是多元结构茶席特征，较为随意，没有特定的主体，一般只要茶席整体上能够呈现出一定程度的结构美即可。结构的重要性大于其设计性，更注重实用性而观赏性偏弱。器物反传统式多用于表演性茶道的茶席，首先表现为茶器具的反传统样式以达到使用动作的创新化，其次在器物的摆置上也不按传统的基本结构进行；主体淹没式常见于一些茶馆的环境布置，具体表现为结构大于茶席的空间，器物大于茶具，实用性大于艺术观赏性。

2. 茶席设计原则

（1）主题突出原则

在进行茶席设计时，首先要明确茶席主题，可以茶品为主题，如西湖龙井、大红袍等主题茶席；以茶事为题材，如将唐朝煎茶、宋代点茶等茶事题材，在茶席中进行艺术的再现；以四季为题，通过背景及茶表现春天、夏天、秋天、冬天的情趣景致；以茶人为题，歌颂文人雅事，如陆羽、昭君等；以节日为主题，如新娘茶、贺春茶、中秋茶等节日茶席；以抽象的意境，如"空寂""浪漫""富贵"等为表现主题，等等。主题确定后在进行茶席设计时，再依照这个主题将茶席各个部分及因子间的协调统一。

（2）茶与器搭配原则

茶器选择，首先，根据茶品的性质来确定，如绿茶外形细嫩优美，汤色清绿明亮，宜选用透明的玻璃杯冲泡；乌龙茶香高浓郁，宜用保温性能好的紫砂壶冲泡为佳；而盖碗适用范围广，一般情况下均可使用。其次，根据泡茶的主要目的来选择茶具，如为体现红茶橙红明亮的汤色，在冲泡红茶时可选用内白釉的茶具来衬托；如为表现古朴典雅的特性，可选用质朴的紫砂壶。另外，在茶与器搭配时，还要注意茶具自身特性，如呈现茶席清新淡雅的玻璃茶具、彰显茶席民族风情的陶土及瓷器等茶具、突出主题厚重悠久的紫砂及铁壶类茶具；茶具的选用应该与主题所反映的时代、地域、民族、人物身份等相一致。

（3）茶具配套原则

所谓茶具的配套使用原则，即茶具组合要有整体性，而不是盲目混搭，可以从质地、造型、色彩等方面予以把握，同一个茶席内的茶具质地、造型、色彩不要太过多样，如造型尽量统一，质地最好不要超过三种以上，色彩多用近似色或同类色。同时还要兼顾茶席艺术风格配套，一是强调茶具个体艺术，二是强调整体配套协调。

课题二　茶席设计竞技

关于茶席设计竞技目前主要有两种形式：一是选手自带茶席设计所需要的所有用具，在规定时间布置好茶席，将文案或者主题阐述提前做好，摆放于桌角，选手离场，茶席静态呈现，评委现场打分。这是目前大多茶席设计的竞技方式，也有灵活变动的，如要求选手在场，站立于茶席旁，裁判可根据现场摆放，当场提1~2个小问题考察选手对茶席的认知程度。二是选手现场挑选茶席配置用具、撰写主题、布置茶席，所需要的全部物品都将由主办方提供。这种茶席设计竞赛形式，可有效避免第一种竞技形式中，由教练或团队提前代劳准备好所有器物包括文案，选手只需现场摆放、无法考察到学生的实际设计功底的情况，由于第二种形式要求主办方提供足够的素材，耗资费力，成本较高，同时不利于公开观摩，赛事组织不易，可以作为平时教学训练提升学生茶席设计综合技能。

一、茶席设计竞技内容

参赛选手于赛前5天将电子版的茶席设计作品提交赛项执委会指定邮箱，电子版茶席作品包括茶席全景照片1张（JPG格式）、茶席展示视频15~20秒（含背景及音乐，MP4格式）、茶席设计文案简介1份（Doc或Docx格式）、背景音乐源文件（MP3格式）。该部分占茶席设计竞技总成绩40%，其中茶席设计文案简介（300字左右）包括茶席标题、主题阐述、器物配置组成、色彩色调

搭配、背景配饰音乐等说明；竞赛时，选手按照赛前提交的茶席设计作品，在规定时间内（不超过20分钟）独立完成茶席布置，茶具、茶叶、桌布等参赛用品赛前自备，该部分占茶席设计竞技总成绩60%。

主办方一般会给选手限定一块区域，普通常见面积为2m×3m，有条件的比赛，会在比赛现场搭建白色隔板，每个选手一格，这样相互布席不干扰。在第一种茶席竞技形式中，选手自备所有器具和辅助用具，一般参赛选手根据主题需要，会有一些辅助用具及空间氛围营造的道具，对于需要现场在规定时间内摆放好茶席的竞技形式，选手思路需清楚，将所有器物进行分类，背景装饰是一部分，常见的布置在茶席正后方或正上方，常见有KT板、挂画，其次是泡茶的一方区域，可能有桌椅、桌布、茶具等，桌椅固定茶席位置，然后依次桌布、茶具、点缀在茶席上的其他道具逐次铺好，最后是茶席两侧的一些辅助场景的摆放。

二、茶席设计竞技流程

为了更好推进茶文化"五进"活动，为茶事活动搭建沏茶品饮平台，特别重点介绍茶席设计现场布置第二种竞技形式，方便茶席教学平时训练。

1. 挑选茶席配置用具

选手根据随机抽取的工位号桌上的主茶具，在电脑上按照茶席主题设计需要，挑选出茶叶及茶席设计辅助用具的电子照片，辅助用具包括煮水壶、水盂、茶巾、茶则、茶罐、花器、花束、茶席、桌旗、桌布、背景、音乐等，在规定时间选取素材，提交材料清单。

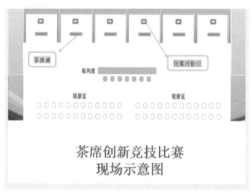

茶席创新竞技比赛
现场示意图

2. 茶席设计竞赛安排

比赛分场分批进行，选手随机抽取场次、批次及工位号，同一场次选手封闭管理。每场次固定不同种类的主茶具，每套主茶具固定编号，每批次比赛前裁判组长随机抽取每个工位号对应的主茶具编号，组委会将对应主茶具搬至每个工位号的茶桌上。

3. 茶席设计文案创编

撰写茶席设计文案，挑选完成后，选手在规定区域规定时间内完成茶席设计文案，包括茶席标题、茶品、器具、主题阐述等，主题阐述字数在150字左右，同时标注选择音乐的序号，在选手撰写茶席设计文案期间，组委会根据选手在电脑上挑选出的用具提供实物，背景通过投影仪布置好。

4. 布置现场茶席与评判

现场布置茶席，在布席现场，选手在规定时间（不超过20分钟）内根据实物，完成茶席的组合搭配设计，最后将茶席设计主题卡片置于茶桌左上角后离场，评委入场评判。

三、茶席设计竞技评分

茶席设计是指参赛选手自选主题，在给定区域内，以自带器物素材为构建，在规定时间内，独立完成既遵循沏茶科学，又不违背茶史习俗的呈现主题茶席布置，创作茶具、茶叶、桌布等参赛用品自备。评委通过考查选手对茶席主题立意、器具配置及色彩搭配、背景烘托等方面的整体把握、审美力和创新力，从茶席作品创新性、沏茶实用性、器具及色彩协调性、茶席文案凝练性、竞赛时间等方面进行评比。

1. 主题立意（25分）

主题鲜明、具原创性，构思新颖、巧妙，富有内涵、艺术性及个性。扣分细则如下：

（1）主题内容，从鲜明、内涵、原创性等三个方面评判，每个方面分好、中、差三个层次赋分，好不扣分，中扣1分，差扣2分。

（2）主题设计，从新颖、巧妙、艺术性等三个方面评判，每个方面分好、中、差三个层次赋分，好不扣分，中扣1分，差扣2分。

（3）主题创新，从构思设计和整体搭配两个方面评判，每个方面分好、中、差三个层次赋分，好不扣分，中扣2分，差扣3分。

（4）其他不规范因素酌情扣1~2分。

2. 器具配置（25分）

茶具与茶叶搭配合理，器具组合完整、协调、配合巧妙、并具有实用性。扣分细则如下：

（1）茶叶与茶具搭配，从合理、协调、完整、实用等属性评判，每一个属性表达分好、中、差三个层次赋分，好不扣分，中扣2分，差扣3分。

（2）席面主体器具与物件间搭配，从合理、协调、巧妙等特性评判，每一特性表达分好、中、差三级赋分，好不扣分，中扣2分，差扣3分。

（3）其他突兀因素酌情扣1~2分。

3. 色彩色调搭配（10分）

茶席色彩色调搭配美观、合理，整体协调。扣分细则如下：

（1）茶席整体色彩搭配，从美观、协调、合理等属性评判，每一个属性表达分好、中、差三个层次赋分，好不扣分，中扣2分，差扣3分。

（2）茶席整体色调搭配，从协调、合理两个属性评判，每一个属性表达分好、中、差三个层次赋分，好不扣分，中扣1分，差扣2分。

（3）茶席器具、物件材料质地，从搭配合理角度，分好、中、差三个层次赋分，好不扣分，中扣1分，差扣2分。

4. 背景配饰烘托（20分）

茶席背景、插花等配饰美观、协调，烘托主题，有感染力。扣分细则如下：

（1）茶席背景与茶席主题搭配，从映衬与协调两个方面评判，分好、中、差三个层次赋分，好不扣分，中扣2分，差扣3分。

（2）茶席背景音乐与主题搭配，从渲染力、感染力、意境美等方面评判，分好、中、差三个层次赋分，好不扣分，中扣2分，差扣3分。

（3）茶席配饰与茶席整体搭配，从完美、协调、合理三个方面评判，分好、中、差三个层次赋分，好不扣分，中扣2分，差扣3分。

（4）其他突兀搭配酌情扣1~2分。

5. 茶席作品文案（15分）

文字阐述准确、有深度，语言表达优美、凝练，包括主题立意阐述、器物素材配置、沏泡茶品及区域时代（300字左右）。扣分细则如下：

（1）陈述内容上，从文字表述准确、深度两个方面评判，分好、中、差三个层次赋分，好不扣分，中扣2分，差扣3分。

（2）遣词造句上，从语言表达优美、凝练两个方面评判，分好、中、差三个层次赋分，好不扣分，中扣1分，差扣2分。

（3）没有标题扣2分，标题不准确扣1分。

（4）字数不足或超过，每30字扣1分，每5个错别字扣1分。

（5）其他不规范因素酌情扣1~2分

6. 时间（5分）

选手在20分钟之内独立现场完成茶席布置。扣分细则如下：

（1）布席时间在20~22分钟内完成扣1分。

（2）布席时间在22~24分钟内完成扣2分。

（3）布席时间在24分钟以上扣5分。

（4）非选手因素超时，不扣分。

四、获奖茶席作品赏析

茶席主题：运河情。

沏泡茶品：西湖龙井。

选用茶具：兔毫盏茶碗1个，杯3个，陶瓷水壶1把，风炉1个。

背景音乐：《童年记忆》《矜持》《风居住的街道》剪接片断。

茶席文案：

从运河边长大的爱茶人的视角，来体现运河两岸人们与运河的深厚情感。年少时，运河常伴左右，它是承载着童年回忆流动的茶碗，终年飘溢着沁人肺腑的茶香。

几只茶杯，畅游于运河之中，品味茶之情，感悟茶之意。以运河南端的龙井茶为代表，碗泡法来象征并歌颂大运河。运河水墨画呈现大运河的源远流长，穿越六省，五大水系，谱写了一部伟大的运河"漕运"史。

　　千百年来，她静静地流淌着，向人们诉说着那些难忘的茶乡茶事。大运河是中国茶走向世界的窗口，无论走到哪里，不能割舍仍然是伴我成长的家乡的运河……

课题三　茶席设计创编

　　茶，雅俗共赏，包罗万象，尤其在现今时代，更是见仁见智；每个人心中都有属于自己的茶席，也有属于自己对茶的理解。现代生活中，随着人们对茶的深入认识，品茶日益盛行，在品茶过程中，茶席有着重要的地位，它是茶人展现梦想和思维的艺术舞台。茶席设计作为静态展示时，其形象、准确的物态语言，会将一个个独立的主题表达得异常生动而富有情感。当对茶席进行动态的演示时，茶席的主题又在动静相融中通过茶的泡、饮，使茶的魅力和茶的精神得到更加完美的体现。茶席设计这一崭新的当代茶文化形式，具有鲜明的文化性、时代性和实用性。茶席设计的出现，立即就受到了广大茶艺爱好者的欢迎。茶席设计之所以越来越受到人们的欢迎，是其具有的独特茶文化艺术特征符合现代人的审美追求所决定的。

一、茶席设计题材选取

凡与茶有关的天象地事，万种风情，只要内容积极、健康，有助于人的美好道德和情操培养，并能给人以美的享受，都可在茶席之中得以反映。茶席设计的题材选取相对较为广泛，可以有很多的选择，在思路确定的情况下组织起来也很方便，一般有以茶品特征为题材、以茶事为题材、以茶人为题材和以茶席需求为题材四种。

1. 以茶品特征为题材

（1）茶地域特征选取。与众不同的产地，给人以不同地域茶的文化和风情的认识。如"庐山云雾"，给人以云遮雾障之感；"洞庭碧螺春"，又在人眼前展现一幅碧波荡漾的画面。凡茶产地的自然景观、人文风情、风俗习惯、制茶手艺、饮茶方式、品茗意趣、茶典志录、茶园采风等，都是茶席设计不尽的题材。

（2）茶品性特征选取。茶，性甘，具有多种人体所需的营养成分。茶的不同冲泡方式，也给人以不同的艺术感受。特别是将茶的泡饮过程上升到精神享受之后，品茶便常用来满足人们的精神需求。借茶表现不同的自然景观，以获得回归自然的感受。常以茶的自然属性反映连绵的群山、无垠的大地、奔腾的江河、流淌的小溪、初升的旭日、暮色的晚霞等。或直接将奇石、树木、花草、落叶、果实等置于茶席之上，让人直观可感与自然的时刻亲近。

在时令季节变换上，以获得不同的生活乐趣。通过茶在春、夏、秋、冬季节里不同的表现，让人感受四季带来的无穷快乐。在心灵慰藉表现上，以茶的平和去克制心情的浮燥，以求一片寂静和安宁；以茶的细品去梳理过目的往事，以求感悟一切来之易。

（3）以茶品特色选取，茶有绿、红、青、黄、白、黑，正是茶的丰富色彩才构成茶席基色。若画家拥有这六色，即可调遍人间任一色。何况茶之香、之味、之性、之情、之意、之境、无不给人以美的享受。

2. 以茶事为题材

茶席表现事件，主要是通过物象和物象赋予

的精神内容来体现。如以一把"汤提点"、一只黑釉"兔毫盏"和一个茶筅，即可表现一千多年前宋代著名的"斗茶"事件。

（1）重大的茶文化历史事件选取，一部中国茶文化史，就是由一个个茶文化的历史事件所构成的。作为茶席，不可能在短时期内将这些事件表现周全。我们可以选取一些在茶文化史中重要时期的重大事件，选择某一个角度，在茶席中进行精心的刻画，如神农尝百草、《茶经》问世、罢造龙团等，都可从茶史中信手可得。

（2）影响大的茶文化事件选取，是指茶史中虽不属于具有转折意义的重大事件，但也在某个时期特别有代表性的茶事而影响至今。如陆羽设计风炉、供春制壶等，都可以通过一器一皿来反映某个历史时期茶文化的代表性事件内容。

（3）自己喜爱的茶文化事件选取，自己喜爱的茶事，不一定具有完美性，也不一定有影响力，但亲切、生动、活泼、投入了自己的情感，熟知事件的细枝末节，将其作为茶席的题材，往往更能从崭新的角度，挖掘出一定的内涵，使茶席的思想内容更加丰富而深刻。

3. 以茶人为题材

以茶人作为茶席的题材，对茶人不应苛求，古代茶人，难免会因时代和社会的局限，与如今时代要求的标准茶人有一定的距离，但他们的那个时代，不迷醉于功名利禄，却事茶、迷茶、对茶作出了巨大的贡献，就已经是不易之事。同样，对当下茶人，也不应苛求，只要是一个正直的、对茶有所贡献之人，都可在茶席中得到表现。这样，古代茶人、现代茶人及身边茶人，就会源源不断地走入茶席设计题材。

（1）以古代茶人为选取对象。古代茶人，历数千年，至今仍为人称颂者，可谓德高望重。神农氏理当是第一人，他屡尝百草，将生死度外，实为古今茶人之楷模。陆羽苦难成人，发奋研读，踏遍青山只为茶，毕生精力爱恨全付一部《茶经》中，是为真圣人。

（2）以现代茶人为选取对象。现代茶人，有许多是伟人、名人。老舍、巴金、赵朴初……人人生前一壶茶，茶事平常也动人。现代茶人，更多的是默默奉献之人吴觉农、王泽农、庄晚芳……他们或著文立说，授业育人，为振兴我国的茶科技、茶文化、茶产业作出了巨大的贡献。

（3）以身边茶人为选取对象。身边茶人，皆是平常之人。欲以平常人走入我们的茶席，眼前会一下子闪出许多张熟悉的面容。同行、同桌、邻里、亲朋，身边的茶人，都在脑海里装着。他们亲切、平和、真诚、友好，以他们为题材设计的茶席也会传递给人以亲切和快乐。

4. 以茶席需求为题材

以物、事、人作为题材的茶席，往往通过具象和抽象两种物态语言去表现，以所表达茶席涉及到的物、事、人有关资源或信息为选取。具象的物态语言方式，是通过对物态形的准确把握来体现。比如表现人，就要精心选择能反映该人的特殊物品或象征物。如要表现吴觉农，他所著的《茶经评述》就是其典型的物态语言。如反映事件，要精心选择能典型反映该事件的特殊物品及象征物，如反映唐代官廷茶事，就必须要有唐代宫廷的茶具及象征物。抽象的物态语言方式，是通过人的感觉系统，即视、听、嗅、尝、触及心理，对事物获得印象后，运用最能反映这种印象感觉的形态来体现。如表现快乐，可通过跳跃的音乐节奏和欢快的旋律，以及茶席中色彩明快的器物和自由奔放的摆置结构去体现。

二、茶席插花技法

茶席的设计要体现出茶席的诗意美、画面美，悦目方能赏心，神驰物外。借茶器育化茶汤，以茶盏为桥梁，让茶人在温馨素雅的茶境中，随心赏茶与品茶。茶席之美需要有形式美、内涵美、综合美、个性美。内涵，是茶席设计的灵魂和本质；创新，是茶席设计的生命力所在；美感，是茶席设计的价值体现；个性，是茶席设计的精髓和升华。插花，指以自然界的鲜花、叶草为材料，通过艺术加工，在不同的线条和造型变化中，融入一定的思想和情感而完成的花卉的再造形象。茶席中的插花，不同于一般的宫廷插花、宗教插花、文人插花和民间生活插花，而是为体现茶的精神，追求崇尚自然、朴实秀雅的风格，并富含深刻的寓意。其基本特征：简洁、淡雅、小巧、精致。鲜花不求繁多，只插一两枝便能起到画龙点睛的效果。并追求线条，构图的美和变化，以达到朴素大方、清雅绝俗的艺术效果。

1. 插花基础法则

茶席中插花不仅可以雅化环境，更可以烘托主题。茶席插花讲究色彩清素，枝条屈曲有致，瓣朵疏朗高低，花器高古、质朴，意境含蓄，诗情浓郁，风貌别具。花材上多用折枝花材，注重线条美。

朝看一瓶花，暮看一瓶花。

花枝虽浅淡，幸可托贫家。

一枝两枝正，三枝四枝斜。

宜直不宜曲，斗清不斗奢。

仿佛杨枝水，入碗酪奴茶。

以此颜君宅，一倍添妍华。

—— 明·袁宏道

浅淡的花枝清雅，插花一枝两枝正好，三枝四枝要倾斜着构图。插花时，要尊重花木的自然形态，不要去随意改变它，扭曲它。插花展现的是风致清雅，而不是竞奢斗华。

席上插花大凡小而不艳，清简脱俗。冬日的一枝腊梅、几枚红果皆可入画，花材数量不宜过多，色彩也力求简洁。茶香在花枝间隙游走，曲直疏朗间是留给自己的冥想时间。花器多选用苍朴、素雅、暗色、青花或白釉、影青瓷或粗陶、老竹、铜瓶等。茶席插花的手法以单纯、简约和朴实为主，以平实的技法使花草安详、活跃于花器上，把握花、器一体，达到应情适意、诚挚感人的目的。

2. 茶席插花要素

（1）茶席插花的形式，一般可分为直立式、倾斜式、悬挂式和平卧式四种。直立式是指鲜花的主枝干基本呈直立状，其他插入的花卉，也都呈自然向上的势头；悬挂式是指第一主枝在花器上悬挂而下为造型特征的插花；平卧式是指全部的花卉在一个平面上的插花样式。茶席插花中，平卧式虽不常用，但在某些特定的茶席布局中，如移向式结构及部分地铺中，用平卧式插花可使整体茶席的点线结构得到较为鲜明的体现。

（2）茶席插花的意境创造，一般有具象表现和抽象表现两种表现方法。具象表现一般不做十分夸张的设计，而是实实在在、不留矫揉造作的痕迹，使营造的意境清晰明了；抽象表现就是运用夸张和虚拟的手法来表现插花的主题，可以拟人，也可以拟物。把握抽象表现的尺度在似是而非之间。

（3）茶席插花的花器，是茶席插花的基础和依托。插花造型的结构和变化，在很大程度上得益于花器的型与色。就花器的造型来说，它既限制了花体，也衬托了花体。相反，茶席中的插花，要求花体简约、精巧，同时，也决定了花器的大小。在花器的质地上，一般以竹、木、草编、藤编和陶瓷为主，以体现原始、自然、朴实之美。

3. 茶席插花技巧

（1）花枝和花器比例尺寸要适当。花器的尺度等于高度与直径至和。确定第一主枝的高度，标准的尺度是花器尺度的1.5倍；如果环境的需要，扩大插花构图，可高达花器尺寸的2倍；若环境较小只供个人欣赏，将尺寸减至1倍。确定第二、三主枝的高度，第二主枝的高度应该是第一主枝长度的3/4；第三主枝的高度应是第二主枝的3/4。

（2）大花应该配小花。如主花为玫瑰，宾花应配剑兰；主花为大理花，宾花应配非洲菊；主花为百合花，宾花应配玉簪花。绝不能用种类不同的而形态相似的花相配，否则就宾主不分了。

（3）深色应该配浅色。如果主花的颜色是深红色的，即宾花应该配淡红色的，要是取一样的深红色，或宾花比主花色更深，那很容易造成喧宾夺主的效果。

（4）配叶只能用一种。假如主花有叶，宾花也有叶，两者之中只能选用一种；或两种皆不用，另配山草。要是两叶同用，或是用几种山草，就会显得太紊乱了。

（5）花叶宜斜不宜直。无论插的是盆，还是瓶，花与叶的姿态，总宜带斜，而不能直立。至于斜度怎样才算理想，则要看具体花器大小、形式而定。

（6）章法宜疏不宜密。插花，多少都该带点画意，章法绝不可太密。密则有窒息不通风的感觉，让人看了不舒服；疏则花叶容易表现美态。

（7）花叶不可一般高。剪枝之前，先要有一个腹稿，然后才可以下剪。主花应该略高，宾花稍低；配的叶子，一定不可与花一样高度。假使花器是圆盘或圆瓶，叶子该分散低垂在花器周围。

（8）花器与花不同色。花的颜色，绝对不可以与花盆、花瓶的颜色相同，要深淡相映相宜，才能衬托出花的鲜艳。如果花与花器同是深色，观感上就大打折扣了。

（9）花性必须认清楚。选择花材时，主花与宾花两者耐久性要相同，这样就不会出现主花依然神采焕发，宾花却已萎谢，或者宾花新鲜依然，主花却凋落了，都是使人扫兴的。

（10）放置地方须得体。放的位置须看花器高矮而定，例如，矮的圆的，宜放餐桌或酒橱上；高的方的宜放在窗前，或书桌上，安放不妥，观赏也会减少兴趣的。

（11）花枝主次应分明。在剪花时，要选一枝最好看的作为主枝，其余的作副枝和陪衬枝，以补充主枝的不足，使其更见充实，整个构图取得平衡效果。

（12）花朵分配要均匀。无论主花或宾花应考虑互相呼应，花朵分布匀称。主枝、副枝和陪衬枝的搭配要适当，并构成一个整体。

三、茶席设计文案撰写

近年来，茶席设计在很多茶艺大赛中都被列为比赛的主要内容之一，赛事大多都要求提供一份文案，一张茶席设计全景照片或者小视频。一份完整的茶席设计文案，应该包括有标题、选用茶叶、选用茶具、选用音乐、创作思路阐述等核心内容，围绕"茶"主题来谈，切勿只谈脱离茶谈主题。

1.《诗路·茶香》茶席文案

（1）选用茶叶

越乡龙井，产自嵊州，其外形扁平光滑，色泽翠绿嫩黄，香气馥郁，滋味醇厚，汤色清澈明亮、叶底嫩匀成朵，经久耐泡。嵊州茶叶源于汉晋，名起唐时，宋时成为贡品。

（2）选用茶具

选用锤纹玻璃盖碗，透明玻璃公道杯，玻璃莲瓣品茗杯四个。盖碗古朴典雅，玻璃晶莹剔透，更易凸显干茶色泽、茶汤色泽及越香龙井清新的特点。

（3）选用音乐

《空》（邓伟标，音乐有水流、鸟声，具有空灵的特点，使人置身于大自然中）。

（4）创作思路

"浙东唐诗之路"始于钱塘江边的西兴渡口，经萧山到鉴湖、沿浙东运河至曹娥江、沿江而行入嵊州剡溪、经天姥山、最后抵天台山石梁瀑布，全长约200公里，沿途山水秀丽。越乡嵊州古时称剡，四面环山，九曲剡溪横贯其中，佳山秀水，风景幽丽，是著名的"茶叶之乡""越剧之乡"，江南山水越为最，越地风光剡领先，剡溪作为贯穿"浙东唐诗之路"的"黄金水道"，成为文人墨客寻幽访古、山水朝圣之地，也因此留存了大量的诗篇。

作品营造出自然山水的意境，在画一般的九曲剡溪江边布下一方茶席，寄情山水，品茗论道，遥想唐代贤士沿剡溪品茗唱和、谈诗论赋的情景。茶席融入苔藓、假山、石子、鱼儿等自然元素，通过镜面模营造水面，主泡器具都置于水面的石板、石砖上，茶席前方通过鹅卵石构成了一条蜿蜒曲折的小溪，萦绕着假山和竹筏，诗人在竹筏上仰天品茗论赋。

"明月照我影，送我至剡溪""剡溪蕴秀异，欲罢不能忘"，一千余年前，李白、杜甫、白居易等唐代著名诗人沿着浙江东部的剡溪漫游,一路留下了诸多的美丽诗篇，茶圣陆羽曾写道"月色寒潮入剡溪"，前来考察"剡溪茶"，茶僧皎然对剡茶更是魂牵梦萦，写下了"越人遗我剡溪茗，采得金芽爨金鼎。素瓷雪色缥沫香，何似诸仙琼蕊浆"盛赞剡溪茗，并在此置草堂，隐居品茗，并在《饮茶歌诮崔石使君》一诗中首次提出了"茶道"一词，文士雅集的诗歌联唱，使得剡溪茶在茶文化史上熠熠生辉，诗人们品茗的灵感，也育孕了唐诗之路上中国"茶道"的理念。

"浙东唐诗之路"是唐代诗人穿越浙东地区而形成的山水人文之路，是一座融合儒学、佛道、诗歌、书法、茶道、陶艺、民俗等内容的文化宝库。诗人们沿着剡溪泛舟吟诵，品茗唱和，吟出了一条脍炙人口的浙东唐诗之路，也让剡溪佳茗的芬芳滋味得以传世。作为典型的中国特色的文化资源，开发"浙东唐诗之路"，有利于传承发展中华优秀传统文化，增强文化自信，助推区域经济和文化发展。大唐的风云已被时间吹散，但永远吹不散的是这条唐诗之路，以及一路上的佳茗飘香。

《诗路·茶香》茶席设计

2.《甬上茶事》茶席文案

（1）选用茶叶

望海茶，产自宁海望海茶场，毗邻海边。其外形细嫩挺秀、翠绿显亮，香气清香持久，汤色清澈明亮，滋味鲜爽回甘，叶底芽叶成朵、嫩绿明亮，尤其以干茶色泽翠绿、汤色清绿、叶底嫩绿的"三绿"特色而独树一帜。

（2）选用茶具

选用月白釉瓷质盖碗，芥蓝公道杯，四个芥蓝色小品茗杯盖碗。盖碗古朴典雅，白瓷类玉，可将望海茶的色泽、汤色更易凸显。

（3）选用音乐

The Belt And Road（钢琴曲）。

（4）创作思路

中国是茶的故乡，茶文化的发祥地，唐宋时明州（宁波古称）就是名茶的主产区，明州港作为"海上茶路"启航地，自史籍记载公元805年中国向日本输出茶叶、茶籽以后，历时1200余年，通过使舶和商船，将茶叶、茶皿及茶文化传播到世界各地。宁波作为"海上茶路"启航地，一直为中国茶叶、茶具出口主要港口，时间之早、历史之长、数量之多、影响之大，均为中国之最甬为茶港、中国茶港名副其实。

作品呈现了宁波茶事从古至今，从港口走向世界的历程。通过一幅磅礴气势的山水茶画，一幅山水盆景讲述古代甬上茶事，白色桌旗象征画卷，串联古代衍伸到当代主泡台，主泡台上茶山模型与古代茶事呼应。主泡台选用蓝色、白色、青灰色桌旗叠铺，蓝色桌旗与芥蓝茶具呼应，象征大海之色，青灰色桌旗象征着水流，海上丝绸之路，地球仪模型寓意中国茶及茶文化通过船舶传播到世界各地，才有了享誉世界的下午茶。

目前正值国家践行"一带一路"倡议，是复兴中华茶文化、振兴茶产业，建设中国茶业强国新的历史机遇，是中国茶和茶文化走向世界的大舞台。海上茶路是海上丝绸之路的重要组成部分，宁波作为沿海城市、中国绿茶主产区、"海上茶路"起航地，继承港埠优良传统，发挥资源优势、港口优势、腹地优势，肩负起弘扬"海上茶路"的重大使命，既是历史的呼唤，也是时代的要求。书藏古今记茶事，港通天下飘茶香，甬上茶港将在促进中国茶在"一带一路"的大道上发挥更重要的作用。

《甬上茶事》茶席设计

模块六

调|饮|茶|艺

茶一直兼容着三大功用，即药用、食用和饮用，侧重药用功用，依据中药理论，不求滋味入口愉悦；侧重食用功能，以果腹、香甜为目的；立于以茶入饮的初衷，则既要体验感官审美愉悦，又要坚守解渴康养效用。茶的饮用方式就是围绕"药用、食用、饮用"中某一个或多个目的而采取的一种符合时代背景的适宜方式。自古以来，茶品的纯粹性就有两个去向：一是以茶叶单独的滋味形态存在，

谓之"真茶"；二是调和其他植物或香味、滋味等来形成新茶品，谓之"调和茶"。因此，在世界饮茶史的大格局中，其饮用方式可以说林林总总，美不胜收。但从整体上考察，可以概括成两大类型，即清饮茶和调饮茶。所谓"清饮茶"，是指在茶汤中不添加其他任何物品，直接享受茶的原汁原味。所谓"调饮茶"，又称调配型茶饮料，是以茶叶为主体，添加果汁、糖奶、香精等配料中的一种或几种，经过摇制或调和而成的茶饮料。调饮茶一般来源于三个方面，即地域性的风俗茶饮、健康保健茶饮及民族特色茶饮。饮茶方式的变化，是会和时尚

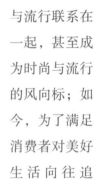

与流行联系在一起，甚至成为时尚与流行的风向标；如今，为了满足消费者对美好生活向往追求，对茶饮风味丰富和感官愉悦变化的追求，茶饮企业从清饮茶叶原料精选到调饮辅料搭配上设计，又在前三个传统调饮基础上创新研制出系列现代创意调饮，甚至引进风投，创办新潮茶饮店，成就一番事业。

课题一　调饮茶艺要旨

近年来，调饮茶艺竞赛形式、作品内容越来越丰富多彩，既有全国范围的比赛，也有各地市自己的特色调饮茶艺赛，内容既有反映地域风俗、民族特色的，也有紧跟时代主体特色的，更有突破创新的。以茶界奥运会之称的中华茶奥会为例，根据调饮茶艺作品创作的不同风格，把比赛划分为"茶+"调饮赛（中式组）和"茶+"调饮赛（西式组）两大类，并对"茶+"调饮产品赛（创投组）的比赛方式进行了创新，选手将以项目路演的形式进行比赛，围绕茶产品或相关服务，现场阐

述了项目商业计划书，从产品或服务、市场定位、竞争态势、运作手段、管理模式、财务预算等方面，描述了公司的未来发展机会及创建公司的过程等内容。旨在连接优秀的企业和创投公司，为茶产业相关企业引入风险投资。这是调饮茶艺系统而又有创意的竞赛形式。

一、调饮茶艺经典类型

所谓调饮，是指在单一的茶汤中加了一些佐（酌）料，如糖、奶、水果、花草及五谷等，我们经常喝的牛奶红茶、柠檬红茶，都是调饮茶一类。从饮茶的历史来说，调饮法先于清饮法。清饮法虽然是我们现代的一个主要饮茶方式，但却是在明末清初才开始普及，在明代之前以调饮法为主。调饮法自明朝开始分解之前，一直是中国人饮茶的主要方式，早在茶之为品饮之前，古人以茶为药和羹的时候，人们就将茶叶与其他食物相佐而食。三国时张揖《广雅》："采茶作饼，叶老者饼成以米膏出之。欲煮茗饮，先炙令赤色，捣末置瓷器中，以汤浇覆之，用葱、姜、桔

子茗（mào）之。其饮醒酒，令人不眠。"古人将葱、姜、橘子与茶共煮成羹的习惯，到茶成为饮料时还保留着，其中一个原因是因为人们在羹饮的过程中发现这些食物佐料能有效地抑制茶叶的苦味和涩味，还有一个更重要的原因就是发现了它的药用价值，唐代大医学家陈藏器在《本草拾遗》一书中写道："诸药为百病之药，茶为万病之药。"当时的人们借助茶来治疗疾病，是从中寻求更简便、实用的保健方法，辅其延年益寿之良方。其中有一个较为著名的茶疗方子"三生汤"，即将生茶叶、生米、生姜各适量，用钵捣碎，加适量盐，沸水冲泡，当茶服饮。

1. 擂茶调饮

客家人的擂茶，以三生汤为基本配料，再加入不同的原料。按地域和族群可以分为客家擂茶和湖南（非客家）擂茶两大类。各地擂茶制作方法各有不同，尤其是配料的选择差别较大。通常是把茶叶、生姜、生米放到山楂木做的碾钵里擂碎，然后冲上沸水饮用。若能再放点芝麻、细盐进去则滋味更为清香可口。

广东的清远、英德、汕尾、揭西、普宁等地聚居的客家人所喝的客家擂茶，是把茶叶放进牙钵（内壁有纹路的擂茶陶盆）擂成粉末后，依次加上熟花生、芝麻后旋转研捣，再加上一点盐和香菜，用滚烫的开水冲泡而成。湖南的桃江擂茶是芝麻和花生为主，放入碾钵里擂碎，后用白开水冲泡，再放点白糖。擂茶制成后稠黏如糊，色呈淡咖啡色，香气扑鼻，入口滑溜柔润、甜爽。制法大致和桃源相同，只是在吃法上各有不同。桃江擂茶一般放糖，成为"甜饮"。而桃源擂茶则放盐，大多为"咸食"。

2. 茶疗调饮

茶与中草药结合的方子可以说是五花八门，这些茶疗方子大多数可以分为三大类：汉方草药茶、花草茶、五谷茶。汉方草药茶是将单方或复方的中草药与茶叶搭配，采用冲泡或煎煮的方式，作为防治疾病用的茶方。药茶中的茶材主要有茶叶、芳香性植物（如姜、肉桂），以及一些经由冲泡或煎煮后，会将其有效成分溶出的花、叶，与新鲜或干燥的根茎、果实等。李时珍在《本草纲目》中列出了多种以茶和中草药配合而成的药方。五谷茶是一种由单种或者多种五谷杂粮研磨成粉，或其他茶叶一起浸泡，具有消炎明目、活血补身等养生功效。花草茶是以花卉植物的花蕾、花瓣或嫩叶为材料，经过采收、干燥后加入茶中茗饮。

3. 白族三道茶

三道茶，是云南白族招待贵宾时的一种饮茶方式。驰名中外的白族三道茶，以其独特的"头苦、二甜、三回味"的茶道早在明代时就已成了白家待客交友的一种礼仪。

"三道茶"有三道茶。第一道茶为"苦茶"，制作时，先将水烧开，由司茶者将一只小砂罐置于文火上烘烤。待罐烤热后，即取适量茶叶放入罐内，并不停地转动砂罐，使茶叶受热均匀，待罐内茶叶转黄，茶香喷鼻，即注入已经烧沸的开水。少顷，主人将沸腾的茶水倾入茶盅，再用双手举盅献给客人。因此，茶经烘烤、煮沸而成，看上去色如琥珀，闻起来焦香扑鼻，喝下去滋味苦涩，通常只有半杯，一饮而尽。第二道茶为"甜茶"。当客人喝完第一道茶后，主人重新用小砂罐置茶、烤茶、煮茶，并在茶盅里放入少许红糖、乳扇、桂皮等，这样沏成的茶，香甜可口。第三道茶为"回味茶"。其煮茶方法相同，只是茶盅中放的原料已换成适量蜂蜜，少许炒米花，若干粒花椒，一撮核桃仁，茶容量通常为六七分满。这杯茶，喝起来甜、酸、苦、辣，各味俱全，回味无穷。"三道茶"寓意人生"一苦、二甜、三回味"的哲理。

除此之外，民族茶饮还有藏族的酥油茶、蒙古的咸奶茶、侗族的打油茶、傣族的竹筒茶、回族的罐罐茶等，这些都是调饮茶。

4. 现代调饮

茶调饮与茶拼配有一定的区别。拼配是先将原料混合，再冲泡。调饮是将原料冲泡，再将各种液体按先后顺序，不同比例混合。简单地说，拼配是先混合后冲泡，调饮是先冲泡后混合；拼配是固体之间的混合，调饮是液体之间混合。拼配适合工业化生产，调饮适合现场服务。调饮时，需要注意禁忌的事情，一是忌讳两种或两种以上重口味基本品一同调配；二是忌讳基本调品过多，口感过于复杂；三是忌讳基本调品口感过于清淡，没有特点；另外，一旦发现茶品基本形状发生改变时，有可能表明形状相克。现代调饮有以下几种形式：①茶与茶调。每一款茶都有自己的个性,也同样会有欠缺。首先选一款茶当基茶，发现其缺点和优点，比如茶性、口感上的优缺点，然后再用另外一款或几款能弥补基茶的缺点或激发基茶优点的茶来进行调饮。②茶与酒调。调酒师，一直有将茶当作一种配料在使用的，但是以茶为基，以酒为辅助的茶酒调饮，近年来越来越受到大家

的欢迎。③茶与花的调饮。在调饮中，一般会将鲜花或干花加入茶汤中作为装饰和增加香气的作用。香料如薄荷、八角等的使用也是一样。调饮要充分考虑视觉和嗅觉的享受。④茶与其他饮料调。在调饮中往往会加入其他的饮料，如果汁、牛奶等，增加风味和营养。

二、"茶+"调饮赛活动主题

茶奥会以"传承、创新、融合、共享"为理念，力求使茶为民生之福、时尚之饮、文化之承、融合之美的代言。"茶+"调饮赛提出"传统用新表达"的理念，力图运用时尚的、活力的、创新的、融合的元素，结合现代茶艺的审美情趣，以"新茶饮"的概念，对传统的茶进行不拘一格的表达。根据"茶+"调饮作品创作的不同风格，分为"茶+"调饮赛（中式组）、"茶+"调饮赛（西式组）和"茶+"调饮产品赛（创投组）三种比赛方式。其中，"茶+"调饮赛（中式个人/团体组），以舞台作品形式呈现，团体人数不能超过6人；"茶+"调饮赛（西式个人/团体组），以舞台作品形式呈现，团体人数不能超过6人；"茶+"调饮产品赛（创投组），以项目路演形势参赛，团队人数2人以上。

三、参赛要求与流程

"茶+"调饮赛面向各类涉茶企业、学校、机构等，高校师生、社会从业人员、茶文化的爱好者等，不限年龄、性别、职业、国籍。

1. 参赛要求

凡报名参加"茶+"调饮赛（中式组）或"茶+"调饮赛（西式组）的选手，只限选择其中一个赛组，但可同时报名参加"茶+"调饮产品赛（创投组）的比赛；调饮赛组入围作品需提前递交作品说明、背景音乐及其他规定相关材料；产品赛项目必须有完整的商业计划及其历史财务资料，拥有独特商业模式和商业价值的创业型项目，有明确的融资需求，融资标的范围；参赛选手须提前到达报到现场并抽取比赛顺序号，对抽签结果签字确认，未报到者则视为自动放弃比赛资格；参赛人员在比赛过程中遵守赛场规则，进出有序参赛；选手一旦报名参赛，即视为确认同意本次大赛方案的所有内容，并严格遵守该规则。

2. 参赛流程

比赛分为"茶+"调饮赛（中式组）、"茶+"调饮赛（西式组）、"茶+"调饮产品赛（创投组）三个项目。所有参赛选手作品需经过线上海选，每项限报80组，"茶+"调饮（中式、西式组）分别筛选20组进入现场决赛；"茶+"调饮产品赛（创投组）筛选10组进入现场决赛。"茶+"调饮赛（中式组）、"茶+"调饮赛（西式组）决赛以现场演示的形式进行比赛，由高校教授、行业专家组成专业评委团进行现场打分。"茶+"调饮产品赛以项目路演形式参赛，由竞赛承办单位负责邀请专家审核项目并确定入围项目，现场特邀项目顾问，组成评委组对路演项目进行评比打分。

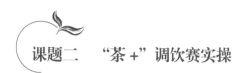

课题二 "茶＋"调饮赛实操

调饮茶艺不仅仅是只制造饮品，它更是一场美学盛宴。通过调饮茶艺表演，反映一定生活现象，表达一定的主题，具有一定的场景和情节，讲究舞台美术和音乐配合，既能使人得到熏陶和启示，也给人以审美愉悦。从茶艺主题的表达，茶席的设计，茶具的选择，调饮食材的色彩，演绎着服饰的搭配，舞台的灯光效果，根据不同风格选择与茶艺主题相协调的背景音乐，解说词对现场表演的立体烘托、表演者茶艺形体礼仪的表达，无不都是美学因子，视觉享受。调饮茶品所需设备耗材在居家生活或品茗环境中容易获取，调饮操作过程趋向易教易学，方便推广，集实用、简便、娱乐、观赏性于一体，调饮时根据食材特点，采用合适的调饮技法，尤其是在调饮茶艺竞赛操作实施过程更要简单、统一、规范，避免复杂。

一、"茶＋"调饮赛类型

1. 现代调饮赛

根据调饮茶品风格，总体可分为调饮赛（中式组）和调饮赛（西式组），以现场舞台作品形式呈现，分为个人赛和团体赛。近年来，很多中式调饮创意围绕新中国成立70周年庆红色主体、文化自信主体、民族特色主体较多。西式调饮创意围绕"一带一路"、世界和平、古今结合的较多。体现多元茶文化、以茶会友、以茶联谊，茶和天下的思想。

2. 调饮创投赛

调饮产品赛（创投组）的比赛是以创新的方式进行的，选手以项目路演的形式进行比赛，围绕茶产品或相关服务，现场阐述了项目商业计划书，从产品或服务、市场定位、竞争态势、运作手段、管理模式、财务预算等方面，全面描述参赛公司的未来发展机会及创建公司的过程等内容。旨在连接茶产品和优秀企业或创投公司，为茶产业相关企业引入风险投资。

3. 叶茶丹青茶艺

叶茶水丹青创新茶艺，是指只利用叶状茶和天然水为原料，通过简易科学操作程序，将书法、绘画技艺和茶科学有机融合的茶艺；是将宋代点茶、现代茗战、茶百戏进行创造性转化、创新性发展的集大成；是一种可以边饮边玩的新时代茶艺。最大的创新之处就是解决了直接利用原叶茶产生持久性、厚实性、重复性、可食性的茶泡沫，将家庭、学校的书法与绘画训练、创作从纸上时代转向茶沫的无纸时代。

二、"茶+"调饮赛评分

（一）现代调饮赛评分

1. 中式"茶+"调饮赛

（1）主题创意（20分）：主题立意新颖，有原创性；原料调配方案设计科学合理、符合食品卫生健康安全标准；现场表述作品思路清晰、口齿清楚。

项目	分值	评分标准	扣分细则
主题创意（20分）	10	主题立意新颖，有原创性	主题不突出，酌情扣分
	5	原料调配方案设计科学合理、符合食品卫生健康安全标准	方案不合理，有损健康，扣3~5分
	5	现场表述思路清晰、口齿清楚	不能现场表述创作思路，表达不清晰，酌情扣分

（2）茶席设计（15分）：器具摆放位置合理美观、符合调饮操作要求；服装设定、作品背景音乐等烘托作品艺术感染力。

项目	分值	评分标准	扣分细则
茶席设计（15分）	10	器具摆放位置合理美观、符合调饮操作要求	（1）茶具摆位影响操作的顺畅，扣2~3分 （2）茶席整体设计欠平稳，色彩显杂乱，扣4~5分
	5	服装设定、作品背景音乐等烘托作品艺术感染力	与主题设定冲突，协调感弱，酌情扣分

（3）茶艺演示（30分）：茶艺流程设计契合茶理、规范有序；冲泡设计有创意，技术含量高，且处理得当；调饮手法娴熟自然，生动有艺术感染力；演示礼仪得体，大方自然。

项目	分值	评分标准	扣分细则
茶艺演示（30分）	10	茶艺流程设计契合茶理，规范有序	（1）流程设计混乱、合理性弱，扣3~4分 （2）动作设计不规范扣3~4分
	5	冲泡设计有创意，技术含量高，且处理得当	有技术含量，但操作失误，扣2分
	10	调饮手法娴熟自然，生动有艺术感染力	器具掉落、茶汤溢出等技术失误，每一处扣2分
	5	演示过程礼仪得体，大方自然	显露紧张，缺乏稳定感等，酌情扣分

（4）茶汤质量（30分）：茶的风味表现显著；香气与滋味协调性好，风味舒适；色泽搭配合理，具有美感。

项目	分值	评分标准	扣分细则
茶汤质量（30分）	10	茶的风味表现显著	茶味不显，扣4~5分
	10	香气与滋味协调性好，风味舒适	（1）刺激性强，不益健康，扣3~5分 （2）协调性弱，扣2~3分
	10	色泽搭配合理，具有美感	色泽搭配不协调，扣2~3分

（5）竞赛时间（5分）：演示时间不超过12分钟时长（含请饮时间）。

项目	分值	评分标准	扣分细则
竞赛时间（5分）	5	时间控制得当（8~12分钟）	每超出1分钟扣1分，不足1分钟按1分钟计
备注：如遇停电等突发事故，非选手因素引起的时间不足或超时不扣分			

2. 西式"茶+"调饮赛

（1）配方创意（20分）：配方主题立意新颖，有原创性；配方设计方法科学合理、符合食品卫生健康安全标准；现场表述作品思路清晰、口齿清楚。

项目	分值	评分标准	扣分细则
配方创意（20分）	10	主题立意新颖，有原创性	主题不突出，缺乏创意，酌情扣分
	5	原料调配方案设计科学合理、符合食品卫生健康安全标准	根据合理性与安全性，酌情扣分
	5	现场表述思路清晰、口齿清楚	不能现场表述创作思路，表达不清晰，酌情扣分

（2）茶饮台设计（15分）：调饮器具保持干净、整洁；器具摆放位置合理美观、符合调饮操作要求；服装设定、作品背景音乐等烘托作品艺术感染力。

项目	分值	评分标准	扣分细则
茶饮台设计（15分）	10	调饮器具保持干净、整洁；器具摆放位置合理美观、符合调饮操作要求	（1）调饮器具不干净、整洁，调饮器具摆位影响操作的顺畅，扣2~3分 （2）茶饮台整体设计欠平稳，摆放显杂乱，扣4~5分
	5	服装设定、作品背景音乐等烘托作品艺术感染力	与主题设定冲突，协调感弱，酌情扣分

（3）茶艺演示（30分）：调饮原料使用完毕，复归原位；操作流程设计流畅、规范有序；手法设计有创意，技术含量高，且处理得当；调饮手法娴熟自然，生动有艺术感染力；操作过程礼仪得体，手法干净，大方自然。

项目	分值	评分标准	扣分细则
茶艺演示（30分）	10	调饮原料使用完毕，复归原位；操作流程设计流畅、规范有序	（1）调饮原料使用完毕未复归原位，扣2~3分 （2）流程设计混乱、合理性弱，扣3~4分 （3）操作动作设计不规范，扣3~4分
	5	冲泡设计有创意，技术含量高，且处理得当	有技术含量，但操作失误，扣2分
	10	调饮手法娴熟自然，生动有艺术感染力	（1）器具掉落等技术失误，每一处扣2分 （2）滴洒一滴扣1分，一滩扣3分
	5	演示过程礼仪得体，手法干净，大方自然	显露紧张，手法不干净，缺乏稳定感等，酌情扣分

（4）茶汤质量（30分）：严格按照配方制作，安全卫生；香气、口感舒适，协调性好；色泽搭配合理，有美感；有明显茶味；调饮作品具有一定观赏性，整体风格与主题创意相符。

项目	分值	评分标准	扣分细则
调饮质量（30分）	5	严格按照配方制作，安全卫生	（1）不按配方操作，扣4~5分 （2）卫生环节处理不当，扣3~5分
	5	香气、口感舒适，协调性好	（1）刺激性强，不利健康，扣2~3分 （2）协调性弱，扣2~3分
	5	色泽搭配合理，具有美感	色泽浑浊，扣2~3分
	10	有明显茶味	（1）茶味不显，扣4~5分 （2）过淡或过浓，扣1~2分
	5	调制后的茶饮具有一定的观赏性，整体风格与主题创意相符	观赏性、整体风格与主题创意不相符，酌情扣分

（5）竞赛时间（5分）：表演时间不超过15分钟（含奉茶时间）。

项目	分值	评分标准	扣分细则
竞赛时间（5分）	5	时间控制得当（8~15分钟）	每超出1分钟扣1分，不足1分钟按1分钟计
备注：如遇停电等突发事故，非选手因素引起的时间不足或超时不扣分			

3. 创投"茶+"调饮赛

（1）产品说明（90分）

①产品主线（30分）：定制化的茶底作为产品基础，茶底应占产品成品结构的50%。

②理念创新（30分）：产品命名新颖、含义诠释合理，原创性高。

③设计亮点（10分）：包装设计美观、色彩搭配协调、设计理念富有创意。

④配方搭配（10分）：配方理念新颖、选料符合食品标准、配料协调。产品呈现：层次丰富、口感极佳、摆盘美观。

⑤产品优势（10分）：具有专利认证、食品许可证、原材料选取有明确品牌等。

（2）答辩环节（10分）

选手答辩：依题作答，逻辑清晰，表达流畅，观点契合。

4. 仿宋茗战（斗茶）

（1）竞赛礼仪（5分）：仪表仪容妆容服饰得体协调，汉服妆容为佳，切合环境，不穿着无袖的服饰，不得涂抹指甲油。肢体语言得当，仪态自然优美，具有亲和力。走路姿势端庄大方，礼仪规范。妆容服饰不得体扣1~2分；肢体语言不符合礼仪规范每项扣1~2分。

（2）茶席布置（5分）：茶器具布置完整、协调、精简、合理，无不相关的器具。茶器具使用后注意复位，保持茶席整洁，茶席设计符合主题意境加分。布席不合理每项扣1~2分；茶具使用后不复位每次扣1分。

（3）点茶流程（15分）：点茶程序契合茶理，技法纯熟自然，手法顺畅；点茶流程需本着传承或创新的理念进行，形式不限，需配有文本介绍和解说。比赛用时为15分钟，注意收具，复原桌面。忌茶汤溅出，忌拿取器物碰撞出声。整个流程不符合茶理扣5~8分；无传承或创新性扣5~8分；手法生硬不流畅扣1~5分；器具碰撞声响每次扣1分，席面出现水渍或茶渍每项扣1分。整个操作流程超时扣3分。

（4）主题说明（5分）：文本阐释突出传承性和创新性，有内涵，讲解准确，口齿清晰，能引导和启发观众对点茶的理解，给人以美的享受作品传承或创新性不突出，扣1~3分；讲解不生动，扣1~2分。

（5）汤色质量（20分）：遵循汤色以白为贵，青白为次,灰白次之,黄白又次之。根据汤花色泽依等级扣分，纯白不扣分，青白扣4~8分，灰白扣8~10分，黄白扣10~15分，绿扣15~20分。

（6）汤花质量（15分）：沫饽细腻，紧咬盏沿，汤花持续时间长。依沫饽乳化程度、气泡数量和大小扣5~10分；依咬盏持续时间长短扣5~10分。

（7）汤味质量（15分）：滋味鲜醇味浓为优。茶汤滋味寡淡或苦涩味重扣1~10分；沫饽粗犷滑感不佳扣1~5分。

（8）分茶技艺（20分）：分茶技法有传承或创新，可以展现下汤运匕、注汤幻影等形式，也可以在传统赛的基础上进行分茶形式的创新，技法形式不限。要求字迹或图案清晰可见，美观有创意，不要过于单一，能维持长时间不散。展现形式独具创新的可有相应的加分。作品简单粗糙扣1~5分；作品维持时间短扣1~5分；盏身不洁扣1~5分。

三、"茶 +" 调饮作品赏析

1. 常规调饮

（1）清爽柠檬冰红茶

材料准备：祁门红茶、水、碎冰、葡萄汁、柠檬汁、蜂蜜、白糖、新鲜柠檬、薄荷叶带枝叶。

制作方法：

①祁门红茶开水冲泡5分钟，滤出茶渣，保留茶汤；

②杯中放入碎冰、红茶、柠檬汁、蜂蜜，均匀摇晃；

③把茶饮倒入冰镇茶杯，用新鲜的柠檬、薄荷叶装饰后即可。

（2）冰爽白茶

材料准备：安吉白茶、蜂蜜、冰块。

制作方法：

①安吉白茶汤汁制作冰块备用；②安吉白茶冲泡，滤出热茶汤；③热茶汤倒入摇酒器，加入几块冰块，快速摇匀，直至调酒器中冰粒撞击器皿声音逐渐消失；④

将摇酒器中冰茶水转入公道杯，添加几滴蜂蜜；⑤将茶汤分入几个品茗杯，放入奉茶盘；⑥给茶友奉茶品饮。

2. 创新调饮

（1）仲夏夜之梦

产品选用新鲜水果石榴、山竹和贵妃美人茶叶调配而成。石榴取其果汁，突出果味甘甜；山竹取其果肉，突出肉质滑润可口；贵妃美人萃取茶汤，协调产品整体滋味，蜜香回韵悠长。产品完美结合"健康"与"时尚"两个理念。"健康"，通过挑选石榴汁和山竹肉，产品的甜感已达正常饮食需求，无需额外添加果糖，切合当下健康饮食的理念；"时尚"，产品颜色妖艳，滋味酸香甘甜，茶香回味悠长，无论视觉、味觉都是一场"时尚冲击"的盛宴。调饮器具：榨汁器、捣锤、雪克杯、调棒等常规器具。

（2）金榜题名

产品顶层是草莓冻干银耳碎和玫瑰味奶油；中间层用坚果、牛奶、炼乳、蜜香红茶和植脂末调制成"费列罗"风味的沙冰；底层是手工黑糖珍珠，通过手工熬制，形成轻度回弹，口感滑糯的体验感。产品以"甜品"为理念，把饮品甜品化，突破常规饮品风格。产品保留了饮品的清爽，也赋予了甜品的丰富层次，是传统之上的优化创新。调饮器具：奶油枪、沙冰机、保温锅，雪克杯、调棒等常规器具。

3. 参赛金奖案例：从良渚文明到钱江饮社

（1）主题创意说明

中国茶文化和酒文化是中华民族悠久的文明和礼仪，在快节奏的现代社会中，我们创新性的将茶和酒结合在一起，并引入多种鲜果，既保留了大众喝茶与喝酒的习惯，又迎合了当代人对新奇口味的需求。良渚玉器是良渚文明最突出的成就之一，我们选取了葡萄作为主要元素，代表着良渚的玉器，绿茶则代表着当代杭州，产品融合了杭州的过去与现在。

（2）产品配方设计

此产品以葡萄为主要元素，采用绿茶作为茶底，巨峰葡萄果肉与青提果汁作为主体风味，以中国台湾四季青柠的香柠皮和越南青桔提香；白酒与面包发酵风味丰富了产品的整体层次感，在风味的中段，白酒香猛，茶感逐渐过渡到酒香，青提风味柔和；在风味的后段，来自台湾的寒天晶球与葡萄果肉混合在一起，增加了产品的咀嚼感，提升了体验感。

（3）调饮操作步骤

①加料，台湾寒天晶球，台湾四季青柠，越南青桔；

②将巨峰葡萄剥皮，与青提果汁一起捣碎，加入杯中；

③加入五粮液白酒香精和面包发酵风味饮料的混合气泡水；

④将绿茶、果糖、冰和香柠皮一起搅匀成泥，倒入到杯中；

⑤最后用水果装饰。

（4）调饮所需器具

料理机、气泡机、捣锤、雪克杯、搅拌棒等常规器具。

（5）调饮作品呈现

浙茶吉茗博多实训团队作品：从良渚文明到钱江饮社

课题三　叶茶丹青茶艺

一、点茶法技艺

宋代，点茶法成为时尚，同唐代的煎茶法不同，点茶法是将茶叶末放在茶碗里，注入少量沸水调成糊状，然后再注入沸水，或者直接向茶碗中注入沸水，同时用茶筅搅动，茶末上浮，形成粥面。宋徽宗在《大观茶论》中对点茶工艺有着精辟的描述，他将冲点与搅拌视为一个整体，二者同时进行，对注汤的多少与搅拌的力度进行了精妙的探讨，并将点茶过程分为七个阶段，即"七汤"。这是茶百戏和叶茶丹青的基础。

1. 宋代点茶七汤法

一汤，量茶受汤，调如融胶。首先，茶水比，根据经验，以茶粉品质，茶水比1:30~100，分七次依次注汤；其次，调膏一定要调至起胶，使茶粉的浸出物充分咬合，为击拂提供基础。

二汤，色泽渐开，珠玑磊落。液面色泽泛起光亮，珠，小气泡；玑，大气泡，击拂时大小气泡不停泛出且增多，气泡上闪出流彩。

三汤，表里洞彻，粟文蟹眼。击拂集中在中层，大气泡消失，小气泡均匀，上下层不停翻滚，如粟文蟹眼。

四汤，真精华彩，轻云渐生。注汤后色差重合，变幻无穷，沫饽气泡重合，水乳交触，气象万千，一条水乳交触线奇观时隐时现。

五汤，结浚霭，结凝雪，茶色尽矣。气泡全部消失，茶的精华显现，银光错落有致，云台起，雨脚落，云台上欲待点化。

六汤，乳点勃然，缓绕拂动。沫饽沾筅，茶筅被沫饽死死咬住，轻轻一提，乳点立现，一圈小点亦应声而起。

七汤，乳雾汹涌，溢盏而起。七汤必须注入足够的开水，使沫饽白净，此时沫饽开始裂变，乳涛不可阻挡，溢盏而起。

2. 宋代点茶技巧

据记载，宋徽宗对点茶的技巧有很高的要求，必须依照七个步骤，按部就班，澄心静虑，一一施行。要点出好的茶汤，必须取茶粉适量，注入沸水方法得当，才能调制成如同融胶状的茶汤。具体方法是沸水要分次注入：

第一次注入沸水时，要沿着碗内壁周围注入，不要直接冲到茶粉上，开始注水时，用茶宪搅动的手势宜轻，先搅成茶浆糊，然后一边注水，一边快速旋转击拂，使之上下透彻，乳沫随之产生。

第二次注入沸水时，可直冲茶汤表面，但宜急注急止，这时已形成的乳沫没有消失，同时用力击拂（搅动），这时可看到白绿色小珠粒状乳沫堆积起来。

第三次注入沸水的量如前，但击拂的动作宜轻，搅动要均匀，这时白绿色粟米蟹眼般水珠粒状乳沫已盖满茶汤表面。

第四次注入沸水的量可以少一些，茶筅击拂动作要再轻一点，让茶汤表面的乳沫增厚堆积起来。

第五次注入沸水时,击拂宜轻宜匀,乳沫不多时可继续击拂,如乳沫足够时即停止击拂,使乳沫凝聚如堆积的雪花为止,形成最理想的茶色。

经过上述注水和击拂,乳沫堆积很厚,并紧贴着碗壁不露出茶水,这种状况称之为"咬盏"。这时才可用茶匙将茶汤均分至茶盏内供饮用。《桐君录》云:"茗有悖(乳沫),饮之宜人",因此多喝一点也无妨。

第一步至关重要,先把茶膏先调得适宜,环绕着茶盏注水,要小心翼翼,不要让注水的过程影响茶膏发立。一开始不能太猛,慢慢击拂,逐渐发力。手要轻,笼要重,手指与手腕的动作要灵活,旋转环绕,上下透彻,才能像酵母发面那样,如"疏星皎月,灿然而生",形成茶面能够持久的沫饽。接着还有六个步骤,才能达到完美点茶汤花变幻境界。

3. 宋代斗茶

宋代朝廷在地方建立了贡茶制度,地方为挑选贡品需要一种方法来评定茶叶品质高下。根据点茶法的特点,还发展出了斗茶法:一斗谁的茶好;二斗谁的点茶技术高。斗茶分阶段,第一阶段斗香斗味,比的是茶本身的香气和滋味;第二阶段斗色斗浮,比的是茶的颜色和浮起来的汤花情况,停留的时间越长、越白越好。斗茶,多为两人捉对"厮杀",三斗二胜。决定胜负的标准有两点:一是汤色;二是

清·姚文翰仿《茗园赌市图》

汤花。汤色即茶水的颜色，以纯白为上，青白、灰白、黄白则等而下之。汤花是指汤面泛起的泡沫。决定汤花的优劣也有两个标准：一是汤花的色泽，以鲜白为上；二是汤花泛起后，水痕出现的早晚，早者为负，晚者为胜。

如果茶末研碾细腻，点汤、击拂恰到好处，汤花匀细，好像"冷粥面"，就可以紧咬盏沿，久聚不散。这种最佳效果，被称为"咬盏"。反之，汤花泛起，不能咬盏，会很快散开。汤花一散，汤与盏相接的地方就露出"水痕"。南宋开庆年间，斗茶的游戏漂洋过海传到日本逐渐变为当今日本风行的"茶道"。

茶之为饮，有其客观的物质性，能够提供色香味的实体愉悦，满足形而下的感官享受。感官愉悦的发展，提升为形而上的探索，追求嗅觉、味觉、视觉的审美统一性，在精神领域追求美感的升华，就是茶道的肇始。从唐代煎茶到宋代点茶，是在一脉相承中不断攀升审美的境界，以臻于极致。但当追求过程偏于一隅，为了视觉效果中达到乳花凝聚的巅峰状态，就不免忽视了茶香与茶味，最终注定是个不可能持续发展的途径。明代以来饮茶以芽叶冲泡为主，扬弃盛极一时的点茶风尚，或许就是中国茶道返璞归真的历程。

4. 现代仿宋点茶

当代点茶，其操作程序基本与宋代相似，大致可分成八个步骤：

（1）备茶布席：先要把饼茶或散茶研磨成茶末备用。当下已有一些厂家在生产茶粉末，大致可用，较为方便。同时还要精心布置茶席，将所需器皿一一安置在妥帖的部位。有条件的茶人还会在现场配以书画、插花，播放背景音乐，营造氛围。

（2）煮水熁（xié）盏：煮泉候汤，温热茶盏。

（3）量茶入盏：用茶勺量取少许茶末，放入茶盏待用。

（4）注水调膏：注水入盏，将茶末调成膏状。

（5）环注击拂：环盏注汤，用竹笺搅动茶膏汤迅速击拂，逐渐在汤面出现沫饽。

（6）再拂去泡：持竹笺随汤迅速击拂后，逐渐放缓速度匀速击拂。

（7）提笺收沫：使茶汤表面回环旋复，形成沫饽咬盏。

（8）分茶戏品：有的茶人点茶，到此为止，即可将点好的茶汤分呈宾客品饮。

有意犹未尽的茶人，还要即兴表演分茶、茶百戏。茶人运用水注、调膏、缕影等技法，使茶汤的纹脉出现字画图案，形成一幅水面书画，千变万化，稍纵即逝，以增添情趣。

依诗创作"两个黄鹂鸣翠柳，一行白鹭上青天。窗含西岭千秋雪，门泊东吴万里船。"分茶技法：现代调膏法

根据书法形式创作"正清和雅"分茶技法：现代调膏法

二、茶百戏技艺

"分茶"又称茶百戏、汤戏、茶戏、水丹青等，是一种能使茶汤的纹脉形成物象的古代茶艺，其特点就是仅用茶和水不用其他的原料能在茶汤中显现出文字和图像。茶百戏原料为采用特定工艺的团饼茶。典籍依据源于北宋陶谷《清异录》之《荈茗录》，文中记载："茶百戏茶至唐始盛。近世有下汤运匕，别施妙诀，使汤纹水脉成物象者，禽兽虫鱼花草之属，纤巧如画，但须臾即就散灭。此茶之变也，时人谓之茶百戏。"现代社会中的茶百戏由福建章志峰先生经过多年研究恢复，功不可没。

茶百戏的原料为采用古法特定工艺加工的团饼茶（宋代多采用产自闽北的团饼茶，如龙团凤饼），其基础是点茶法。可简单归纳为：龙团化乳、注汤幻茶、运匕成象。龙团化乳，通过碾茶、罗茶、煮水、烫盏、调膏、注汤、击拂等一系列点茶过程形成细腻的乳花（三相合一茶汤悬浮液）。表现茶百戏图案，对团饼茶原料加工技法要求很高。注汤幻茶，注汤是使茶汤悬浮液幻变图案前提，直接向茶汤悬浮液注汤可形成文字和一些简单抽象图案。古籍中记载采用注汤的方法使茶汤纹脉幻变出文字。由于单纯注汤主要是形成一些文字和简单抽象图案，而难以形成陶谷《荈茗录·茶百戏》中记载的具体形象的图案。

记载表明"下汤运匕"（即注汤和茶勺搅动）是茶百戏规定的方法，图案的形

成靠"汤纹水脉"幻变（而不是不同颜色的叠加），古人称"此茶之变也"。当然，单独注汤也可以形成文字和一些简单抽象的图案，"下汤运匕"可以形成具体形象如画般的图案，这才是典籍中真正的茶百戏。恢复的茶百戏，主要原料大都是特质茶粉，尽管研制出六大茶类的茶粉，因过于坚守古法，加上技艺有一定难度，推广起来还是有很大局限；同时，制成茶作品只能在有限时间内赏析，不可饮用，脱离了茶饮本质，只能作为一个非遗传承技艺。

三、原叶茶水丹青创新茶艺

原叶茶水丹青创新茶艺（简称"叶茶丹青茶艺"），是指只利用叶状茶和天然水为原料，通过简易科学操作程序，将书法、绘画技艺和茶科学有机融合的茶艺。这是浙江大学童启庆教授团队经过数月创新研究成果，是将宋代点茶、现代茗战、茶百戏进行创造性转化、创新性发展的集大成。最大的创新之处就是解决了直接利用原叶茶产生持久性、厚实性、重复性、可食性的茶泡沫，将家庭、学校的书法与绘画训练、创作从纸上时代转向茶沫的无纸时代，如同造纸术的出现将文字记载从竹简、丝绸时代转向纸书记录时代。

叶茶丹青的茶水就是普通饮茶之水，叶茶丹青的茶叶就是我们普通饮茶之茶，无需额外处理。沸水冲泡，时间如常，比例稍大。待茶汤凉至体温，片状茶笎，直线划动，茶香四溢……茶沫洁白如雪，厚至厘米，便可丹青。书法有误、绘画不悦，可以笎搅重来，如同橡皮擦拭，无任何污染。通常可以至少保持一个小时，足够欣赏与留

档；一般发酵程度比较深的茶类，其茶沫持久性要差一些，不过可以笎倒重来，反复利用。

1. 操作方法

按照童庆启教授演示的茶水比（1:25~30），修改了沸水闷泡5分钟，改为分层蒸馏萃取方法，考虑到茶汤泡沫形成机理，采用豆浆机点动沸水萃取技术（15~30秒），间隔重复4~5次；农夫山泉水500毫升，精白安吉白茶17克；茶萃取汤液可以采用自来水冲凉降温至40℃以下，装入烧杯备用。

2. 操作建议

经过萃取获得的茶汤液没有茶渣，另外经过多次高速搅拌，即让茶汤中溶入足够的空气，又让茶汤中有效成分相互作用，方便后期茶笎制成茶泡沫。茶笎搅动轨迹最好为直线，不要让茶汤在容器内打转，就像当年做微生物接种试验，接种针在凝胶琼脂培养基上划线；由于手头没有片状茶笎，就用普通抹茶茶笎也制成了符合要求的茶汤泡沫；泡沫洁白细腻柔滑，超过1厘米厚就可以丹青字画了，建议泡沫厚度超过2厘米为宜，这样保持时间更长。为了体验制成茶泡沫成效，用超微抹茶粉制成颜料，书写了茶人、星海泛舟

字样，涂鸦了一个山脉画，感觉效果不错，同时还品尝了茶泡沫，味道鲜美。书法绘画是叶茶丹青茶艺的重要内容，既是开发的重点，又是茶艺与书画绘画艺术融合的连接，值得深究。

3. 成果固化

首先要设计好书画内容，这是成果的基础，然后就是训练或展示大家的书法与绘画水平了，书画错了不用担心，可以用茶筅重新制成茶泡沫重新开始，最后用手机拍摄作品欣赏。一个茶汤泡沫可以反复使用，建议可以几人一组，每人一个，组合创作叶茶丹青茶艺作品，相互协作，以茶会友。

4. 影响因素

影响茶泡沫产生并长久保持的几个因素：一是茶水比（1:25~30）；二是茶汤液温度（室温为-40℃）；三是茶汤液在容器内的厚度（2~4厘米）；四是茶汤制

备方法（沸水闷泡，最好分层萃取，多次高速搅拌）；五是茶筅搅动轨迹（快速直线，腕部用力）；六是茶汤中不溶物量（无茶渣、超微抹茶粉做颜料不如高浓度茶汁）。

5.叶茶丹青茶艺操作流程

设计方案→准备器具→布置茶席→称量茶叶→萃取茶液→趁热快速搅拌→转入玻璃器皿→快速降温至40℃以下→分匀至适宜容器→茶筅直线搅拌→液面茶泡沫厚至2厘米左右→开始丹青书法或绘画→手机拍照固化成果。

由于茶叶分类是根据茶叶中多酚物质氧化程度划分，因此可以通过沸水分层蒸馏萃取茶叶时间的调整，至少可以实现由绿茶向乌龙茶、红茶、黑茶茶汤制备的转

化，即一种绿茶原料可以实现3~4种茶的效果。确保制作工艺清洁卫生，茶泡沫是可以食用的，而且还可以保持一定的风味。书法与绘画可以作为叶茶丹青茶艺的起始创作和推广形式，当技艺高超了，可以在书画基础上将"注汤幻茶、运匕成象"技艺加以应用，增加创作作品的灵动性和变幻性，很好地培养学生的创新能力和艺术修养。

模块七

创|新|茶|艺

茶艺，是一种科学沏泡茶的技术；是在沏泡茶过程中融入诸多审美元素的艺术；是一种承载沏泡者身心修为窗口，还是一种传播地方民俗民风民情独特文化载体。为民族传艺，为创新溯源；以茶育人，筑梦同行。能否将《论语》中"以人为本的教育取向、有教无类的教育情怀、以教为政的教育追求、终身学习的教育思想、自由讨论的教育模式、因材施教的教育方法、全面发展的课程建构、慎独正己的修身方法、积善成德的德育路径"的系列理念同茶艺传承与创新相结合，让"茶艺传承与创新"成为教育者和受教育者在教育行为中灵魂净化、心中充满爱、人格独立、不被社会所同化。学习茶艺的过程主要包括三个阶段，即谋技、谋智及谋道，第一阶段就是谋取一个茶艺师的工作；第二阶段就是通过学习茶艺逐步获取茶文化知识，了解茶的世界；最高境界就是第三阶段的跨越技术与知识，去完善自己价值取向，把握自我。一名优秀的茶艺师通常需要具备四个方面的特质素养：一是科学冲泡茶的技术；二是赏评编创美的艺术；三是知行合一慎独修为；四是传创民俗家国情怀。

课题一 创新茶艺要旨

历经千年发展，茶艺内涵和表现形式随着时代的发展而不断演变，如唐"煮"、宋"点"、明清"泡"。改革开放以来，茶产业结构升级，"文化搭台、经济唱戏"是茶产业发展的重要手段，常常以休闲、娱乐、健康、文艺、养生、修心等为服务宗旨，营造清净、典雅，悠闲、娱乐的文化氛围，新颖的茶艺表演往往是必不可少的特色节目，创新茶艺成为应运而生茶事文化。近年来，茶艺编创、茶艺大赛等茶事活动特别活跃，2013—2015年全国高职院校连续三年、2019年全国职业院校中华茶艺邀请赛、2013—2019年连续浙江省高职院校连续七年举办"中华茶艺技能竞赛"，本科院校分别于2010年、2014年、2016年、2018年举办四届全国大学生茶艺技能比赛，全国茶艺职业技能比赛先后于2013年、2016年、2019年举办三届，中华茶奥会茶艺大赛从2014年开始，已经举办六届，可谓百花齐放，争奇斗艳，极大促进茶艺创新发展。

一、创新茶艺内涵

创新茶艺涉及茶科学、茶文化、美学、文学、美术、音乐、书法、花艺、香道、人体工学、礼仪、形体训练、空间美学等范畴，是一门综合技艺，它是以沏茶为核心，通过要素的设计、意境的营造、编排设计等共同表达一个有独立主题的茶艺，表达茶人们或者是时代彰显的人生观、价值观、审美观。

创新茶艺是相对指定茶艺而言，在规定的时间、场合，用指定的茶叶、用水、器具，按照各茶类科学冲泡的固定程序呈现茶汤的过程，其重在考核茶艺基本功，即茶艺礼仪、行为习惯、协调能力、茶汤质量、气质神韵，重规则规范，而创新茶艺重在考察茶艺师的茶艺技能、思想境界、协调能力、应变能力、艺术修养、审美情趣，主要考察茶艺作品主题的原创性、思想的文化性、演绎者的个人修养及对茶汤品质的调控能力，规则之外还有自由，有更多自主发挥与创造的可能。

在茶艺大赛或者茶事展示活动中，茶艺编创与表演是重要的组成部分，在科学沏泡和品饮茶的基础上，融入诸多其他审美元素，艺术化展示饮茶品茶，给人们带来综合艺术化的享受。茶艺表演，是可以在舞台或特定场合表演的茶叶冲泡技艺和品饮艺术，既是技术的成果又是艺术的作品，以一定的规范和程序进行不同茶类的冲泡和品饮，并赋予一定的文化内涵。

2015 年全国高职茶艺技能比赛

二、创新茶艺类型

中国茶艺从晋代开始萌芽，定于唐、盛于宋，至明清复归朴实淡雅，流传至日本、韩国形成日本抹茶道、韩国茶礼。经过长期积淀，形成千姿百态的茶艺形式，按照创新茶艺的内容题材进行分类，有仿古茶艺、民族民俗茶艺、宗教茶艺、外国茶艺和现代茶艺等类型。

1. 仿古茶艺

仿古茶艺是以历史相关人物、现象、事件等资料为素材，经艺术加工与提炼而成，具有深厚的历史文化底蕴。仿古茶艺又可分为宫廷茶艺和文士茶艺等。宫廷茶艺是我国古代帝王为敬神祭祖或宴赐群臣进行的茶艺，以帝王权臣为主，宣扬"雍容华贵"，君临天下之观念，具有场面气势庄严宏大、所用器具高贵奢华、礼仪程式严谨繁复等特点。文士茶艺是以文人雅士为主，追求"精俭清和"的精神，茶席多以书、花、香、石、文具等为摆设，注重茶之"品"，其文化内涵厚重，讲究品茗时的幽雅意境、精巧茶具和怡悦气氛，以体现琴诗书画之雅趣，修身养性之真趣。

2014 年全国高职院校茶艺技能比赛获奖作品《娇女茶思颂》

2. 民族民俗茶艺

民族民俗茶艺是根据我国民间传统的地方饮茶风俗习惯，经艺术加工与提炼而成，以反映民族和民俗茶文化。我国是一个多民族国家，各民族人们对茶都有着共同的爱好与需求，经过悠久历史的演变与长期的饮茶实践，各民族之间、本民族之间均形成了各自不同的、具有独特风格与韵味的饮茶习俗。如少数民族的白族三道茶、纳西族龙虎斗茶、回族罐罐茶、蒙古咸奶茶、藏族酥油茶及汉族的婺源新娘茶、闽粤赣湘客家擂茶、浙江湖州青豆茶等。一些民俗茶艺还体现出极高的技艺性，如四川茶馆的长嘴壶等。

2015 年全国高职院校茶艺技能比赛获奖作品《拉祜族烤茶》

3. 宗教茶艺

我国佛教、道教与茶结有深厚缘分，宗教茶艺主要是反映佛教与道教的茶事活动。道家以茶求静，茶的品格蕴含道家淡泊、宁静、返璞归真的神韵；佛家以茶助禅，由茶入佛，从参悟茶理上升至参悟禅理，并形成"静省序净"的禅宗文化思想。以此为基础，形成了多种独特的宗教茶艺形式。宗教茶艺气氛庄严肃穆、礼仪特殊、茶具古朴典雅，体现出"天人合一""茶禅一味"的宗旨。目前常见的有禅茶茶艺、太极茶艺、观音茶艺和三清茶艺等。

2016 年全国大学生茶艺技能比赛获奖作品《灵岩禅韵》

4. 外国茶艺

中国是茶的发源地，茶经陆运和水运传到直接各地，中国的茶叶与中国的丝绸、磁器一起，成为中国在全世界的代名词。据统计，当今世界有160多个国家约30亿人口喜好饮茶，并形成这些国家颇有特点的品茗习俗，如日本茶道、韩国茶礼、英国下午茶、摩洛哥三道茶、美国冰茶、马来西亚拉茶、印度调味茶等。目前常见作为交流的外国茶艺表演形式有日本茶道、韩国茶礼和英国下午茶等。

日本抹茶道

5. 现代茶艺

现代茶艺是指有创造性想法和构思的茶艺。茶艺表演是一门创作艺术，编创者将某一茶艺形式通过选用某种题材进行综合性艺术的创意设计，使之形成具有主题内容的表演艺术。创意茶艺在编创过程中，编创者在考虑茶艺表演的舞台艺术与大众审美关系时，首先必须尊重茶性，把握科学的冲泡手法，其次才是创意思维的拓展，随着时代的进步和社会的发展，创意型的主题茶艺越来越受到大家的关注，其主题更是多种多样，亲情、师生情、同学情演绎、敬老敬祖等。

2013年全国高职院校茶艺技能比赛获奖作品《清荷茗语》

三、茶艺美学原理

所谓美学，是指以人对现实的审美现象(或关系)为研究对象，研究美的科学；美学可概括为美论(美的哲学)、美感论(审美心理学)、艺术论(艺术社会学)三个层次。通俗地说，美是审美对象的客观属性，美感是人对客观事物的审美意识，艺术则是美与美感相互结合辩证统一的表现形式。美学就是包括美、美感和艺术在内的人对世界审美把握的一个有机系统。作为生活艺术行为之一的茶艺也是人们在茶事活动中的一种审美现象，同样具有美学的三个层次。茶艺的六大要素(茶叶、泉水、茶具、环境、冲泡、品尝)都具有它们固有的客观的美，人们在感受茶艺各个要素之美的时候所产生的感官愉悦，这就是美感。在整个茶艺过程中，审美体验本身的精神性会转化为感官的快适和满足，并进一步要求审美对象的精致化，从味觉、嗅觉对茶叶、茶汤的香气和滋味，视觉对茶叶、茶汤、茶具、环境、服饰、形象，听觉对音乐、水声、器具响声及语言的轻重和节奏，触觉对各种茶叶、茶汤及器具材质和质感，都会有更为严格的要求，从而提高茶艺的艺术品味，将日常的饮茶活动提升到审美层次的品饮艺术。

1. 茶之美

视觉之美，包括外形之美、汤色之美、叶底之美。中国名茶众多，外形千姿百态，从形状看，有扁平的、芽型的、卷曲的、螺型的等，从色泽看六大茶类颜色都各不相同，每一款茶都是不同色泽协调组合而成，是茶树鲜叶在不同工艺下形成的独特色彩，赏干茶外形之美，也是创新茶艺不可缺少的环节。不同的茶叶，经过冲泡，展现出不同的汤色，品饮一杯茶，也离不开观汤色这一环节，不同的茶类汤色也不一样，但都以明亮为好。叶底的形态色泽，也是了解一款茶叶工艺的关键环节。

嗅觉之美，主要为香气之美，茶叶的香气，是茶叶经过不同加工工艺所产生的不同香气，不同茶类，香气特点不一样，品饮一杯茶，也是以闻香开始的，在创新茶艺中，如果客人距离较远，采取示意闻香即可或者在奉茶后，和客人示意一起品闻香气。

味觉之美，主要为茶汤的滋味之美，茶的滋味有苦涩、甘甜、鲜爽、醇厚，不论何种滋味，都让品茶者产生丰富的味蕾体验，也是创新茶艺中茶汤品质呈现的关键环节，一个优秀的创新茶艺作品，都是基于能冲泡一杯好茶，茶汤品质优异为核心基础的，抛弃茶汤来谈创新茶艺都是缺乏灵魂的。

2017 年浙江高职省赛获奖作品《那些年·茶》

另外，茶品的选择要求茶叶本身品质好，能反映其茶品特色，其为茶艺表演之根本，作为创新茶艺表演成果的茶汤品质好坏很重要一部分源于茶叶品质本身的好与坏，选定好茶叶类型后，就得寻找品质好的茶品，茶叶量可以不多，够创新茶艺演示的一两泡就行，但品质必须为上乘。很多人在选择某茶品后，冲泡出来的茶汤品质表现极其一般或者不能反映该茶应有的品质特征，就会给品饮者留下不好的印象，在比赛中也会因此失分。

水雾与水流

2. 水之美

文化之美。孔子认为水具有"德、义、道、勇、法、正、察、善、志"九种美好的品行，且说"是故君子见大水必观焉"。老子说："上善若水，水善利万物而不争。"周秦时的哲学家们说："天一生水"，世间的一切事物都是由它变化而生成的，把水看作是万物之母。在历代古茶书中，有不少篇章和专著论及茶与水的关系，明代许次纾在《茶疏》中说："精茗蕴香，借水而发，无水不可与论茶也。"明代张大复在《梅花草堂笔谈》中也谈到："茶性必发于水，八分之茶，遇十分之水，茶亦十分矣；八分之水，试十分之茶，茶只八分耳。"可见，水质能直接影响茶汤品质，尤其对茶汤滋味影响更大。

水质之美。古人择水标准为清、轻、甘、活、冽，水质要求"清、活、轻"，水质要轻，需清洁无杂物，水源要活，经常吸取的或流动的水。水味要求"甘、冽（清冷）"含口中有甜美感，水从岩层浸出，水温低。随着现代科学技术的进步，人们对生活饮用水（包括泡茶用水），已有条件提出科学的水质标准。

意境之美。在茶艺演示中，无论是水雾还是水声，都能营造出意境之美。煮水时水雾缭绕，似仙境一般，又充满了烟火气息，水沸腾时的声音、注水时的声音、自然水流之声，这些都有助于提供良好的品饮氛围和茶艺艺术呈现，因喝茶本就是烧水煮茶之简单事，自然而朴素之意境是最让人舒适和惬意的。

因茶叶的内质表现与水的关系很密切，在平时泡茶或者茶艺比赛选择水品时，比较简单的是，有条件可以选择适宜茶的水品，如茶产地的泉水等，最好是商品化的泉水，可放置存储一定时间；如若条件有限，很难取到山泉水，或者担心泉水放置后其活性降低、滋长细菌，可选择商品纯净水，纯净水虽然不是泡茶用水的最好选择，但却是最稳当的选择。

3. 器具之美

功能之美。茶具作为茶汤承载之器首要作用是满足物质承载的功能，符合茶人的饮用习惯，提供便利。不同饮茶方式对茶器的种类及功能需求也不尽相同，组成或有增删，功用亦有出入，依据各自特点演化出相应茶具。现代饮茶方式是清明散茶法的延续，在传承的同时也发展了地方特色。潮汕工夫茶认为好的茶壶应具有"小、浅、齐、老"的特点。讲究小口慢啜，细细品味，壶小如橘；壶身浅方能滞留茶香，不蓄留水；齐指壶口、壶嘴、壶柄同一水平中轴线上，看是形式对称的美学法则，其实是为茶人注水、握拿、斟茶等更为方便易用。

明代筋囊紫砂壶

形式之美。茶具的形式之美，既有茶具造型之美，也有茶具配合表演中的形式之美。在茶艺发展的各个时期都出现了优秀的时代审美特色茶具，当代文创设计的兴行，茶具的形式层出不穷，巧思精绝，不乏巧妙作品出现。宋代茶具形式之美纤细与敦厚并存，同时期备受推崇的建安茶盏则壁坯微厚，熁之久热难冷。源于明朝正德年间的紫砂茶具艺术形成了光素、筋囊及花器三大壶式。茶艺中茶具与表演搭配的形式之美，在地域茶艺中识别性高，最具地方流派风格特点的当属四川长嘴壶茶艺，最初是为便于给茶馆里拥挤

宋代茶具汤瓶
与建盏

的茶客添加茶水，后经艺术加工在吸收川剧、武术、舞蹈、禅学等艺术基础上逐渐成为一门独特的综合艺术。

材质之美。一路走来制作茶具的材料家族在不断扩大，从最早出现的陶质茶具铜金银锡等金属茶具，到瓷质紫砂茶具及木竹漆器茶具的出现，再到现代玻璃茶具等，人们对茶具材料包容性越来越大，且根据材质性能创造出了丰富的茶具供人们挑选。陶类茶具质地朴实粗野敦厚，给饮茶者田园山野静谧之味；瓷质类茶具光洁温润质如玉石，敲之音脆悠长给人爽朗明快之感；漆器茶具材料性质稳定自然环保，质轻耐用，手感光滑细腻隔热效果好；金银茶具高档贵气色泽明亮，铜铁茶具厚重朴实有沧桑时间沉淀的历史感；琉璃类茶具通透洁净与汤叶辉映成趣。

色彩之美。茶具色泽质地差异会给人不同的愉悦感受。茶具表达色彩之美方式有通过茶具材料质地特性展现色彩之美，如金、银、陶、瓷竹木的材质色彩。通过茶具表面装饰性展现色彩之美，对瓷器施以不同釉色色彩，如元青花、明清彩绘，进行茶具表面图案色彩设计，如漆器图案、漆画绘制等。茶具的色彩会直接影响到茶汤色泽的变化，相对于唐宋时期对茶具色彩优劣评价标准的唯一性，今天随着茶

类的丰富，不同茶类冲泡时茶汤色泽也不尽相同，在泡茶时选取和茶类茶色相适应的茶器具即好、适合即美。

茶具组合是茶席构成的主体，基本特征是功能与审美的结合，在主题和茶品确定好后，一是考虑茶具的材料、色泽、容积与茶品的搭配，不同的茶类适宜不同材质器皿，如绿茶适应玻璃、瓷器，且颜色偏冷色调的，红茶、黑茶适宜紫砂、瓷器，颜色偏暖色调的；二是考虑突出和配合作品主题的表现。如2015年国赛茶席设计作品《竹下忘言对紫茶》讲述现代爱茶女子，独步顾渚山间，寻访古迹，回望唐代顾渚茶事的繁荣，感受陆羽致力于茶的精神，选用仿唐代工艺的顾渚紫笋小饼茶，采用煮茶陶制器皿，配以青瓷杯，映衬陆羽《茶经》茶之器中记载，"越瓷上，越瓷类玉，越瓷青而茶色绿"，越瓷即当代青瓷。

2015年全国高职茶艺比赛茶席设计作品《竹下忘言对紫茶》

4. 人之美

人之美，作为茶艺人员，应该具有较高的文化修养，得体的行为举止，熟悉和掌握茶文化知识及泡茶技能，做到神、情、技动人。也就是说，无论在外形、举止乃至气质上，都有更高的要求。既要通过以茶为灵魂的静态艺术物象要素以营造美的氛围，又要通过直接为实现茶的最佳质态为目标的艺术肢体语汇加以传递。

仪表美，包括形体、发型、服饰。面部清新健康，不化浓妆，不喷香水，牙洁白整齐，手指干净，不涂指甲。发型适合自己的气质，舒适、整洁、大方，头发不挡住视线（操作时），长发扎起不染；服饰以新鲜，淡雅，中式为宜，袖口不宜过宽，服装和茶艺表演内容相配套。在创新主体茶艺中，仪表还应该符合角色定位，与节目风格一致。

风度美，包括举止、仪态美、神韵美。风度是一个人的性格、气质、情趣、修养、精神世界和生活习惯的综合外在表现，是社交活动中的无声语言。一个人的个性很容易从泡茶的

仪表美

风度美

过程中表露出来，可以借着姿态动作的修正，潜移默化一个人的心情，表演者行茶动作应谦和、流畅、准确、优美。

语言美，美学家朱光潜曾说："话说得好就会如实的达意，使听者感到舒适，发生美的感受，这样的话就成了艺术。"首先，语言要求达意：语言准确、吐字清晰、用词得当、不可含糊其辞、不夸大其词；其次，舒适，声音柔和悦耳、吐字清晰、抑扬顿挫、风格诙谐幽默、表情真诚、表达流畅自然。口头语辅以身体语言，如手势、眼神、面部表情的配合让人感到真情切意。

心灵美，核心是善。孟子认为，善心包括仁、义、礼、智。儒家对"仁"的理解有三个层次：人爱→爱人→爱己（最高境界）。"爱己"是对自己人格的自信、自尊、自爱，不是自私。茶人要有一颗茶心，其包括良心、善心、爱心、美心。茶人从爱己之心出发，表现出"爱人"之行，才是最感人的心灵美，这种内在的美在一定程度之后可以转化为风度和气质，即俗话所说腹有诗书气自华，我们常说的茶人气质好都分不开的。

5. 境之美

境，顾名思义是品茶环境，泛指泡茶、奉茶、品茗的空间，除显现功能性的需

要外，尚包括审美与气氛上的要求。茶境是在茶器和茶席的基础之上形成的，人们在品茶活动的过程中主动追求环境美，在这个品茗空间之中，涉及自然景物、器物环境、参与的人员等要素，品茗者心境的营造需要品茗环境的配合，创新茶艺的主题的表达也需要环境来烘托。

明清时期，茶人尤其重视品茗雅趣，讲究情景交融，对品茗时空环境的要求十分严格，注重品饮过程之中的细腻感受。文人雅士们往往自筑茶室，常常闲来无事雅聚，以佳茗细煎慢品。"凉台静室，明窗曲几，僧寮道院，松风竹月"的幽雅环境是该时期文人雅士们推崇与向往的。此外，文人雅士的茶室或书房常常除了桌椅、书架、茶几外，还有精致的赏玩之物、名人字画、典雅的插花等，从而为品茶营造一个适意的氛围。

明代茶寮文化

要想达到茶境之美，需要茶人做好前期的准备，也需要茶人对器物之美、形态之美、空间之美等方面的把握。品茗环境，离不开对环境空间之中要素的把控，如时间、地点、空气、光线、气温、声响、水与植物、气候与季节等，这些同时也是和创新茶艺的主题相匹配的，另外，品茗环境不是四艺皆备就好，品茗环境在生活中无所不在，要善于捕捉生活中自然的、简约的环境，简约而不简单，这样在烘托主题的时候更有感染力。

现代新中式
简约茶空间

课题二　创新茶艺编创设计

创新茶艺可视为茶文化创意作品，通过视觉、听觉、味觉、嗅觉、触觉的通感，将人、茶、器、水、火、境有机统一，让人感悟到中华文化源远流长、灿烂辉煌，自豪于中国茶无愧为中国传统文化传承的重要"一翼"。一个优秀的茶艺作品创编设计就是一项系统工程，既需要一个有力的合作团队，更需要深厚的茶艺文化底蕴，以及科学的创编设计方法。

一、茶艺主题设计

主题是创新茶艺的灵魂。首先，主题决定了整个茶艺作品的格调，是整个茶艺的主心骨；其次，主题决定了其他茶艺要素的设计，主题一旦确定，茶、具、音乐、解说词，以及程序和操作方法等都要紧紧围绕主题来确定；最后，发展到现代，茶艺已经逐渐走上了舞台，面向广大人民群众茶艺的作用已经不仅仅是简单的视觉美感和对茶汤色香味的品味，而应当具备更丰富和深邃的审美作用，而主题是这个审美作用的主要承载者，人民群众审美的基本标准，就是形成的观赏性和内容的丰富性所达到的深刻的思想性。

1. 主题把握

一个好的主题，首先，应正确、真实，合乎社会公序良俗，道德规范，如实地反映历史、民族特色，表达真情实感；其次，主题要集中，即作者的意图得以突出，择茶布具、茶艺演绎等准则；再次，要具有新颖性和独创性，新颖既可以体现在对当下一些社会现象的提炼，也可以表现为对传统主题结合时事创新，独创体现在茶艺主题是作者独立创造或在前人的基础上部分创新；最后，还要具有深刻性和时代精神，茶艺正确反映了客观世界的本质，揭示了事物发展的规律，主题就是深刻的。一个茶艺能深刻地反映现实，回答时代提出的问题，主题就具有时代精神，主题的深刻性、时代精神同主题的新颖性、独创性有联系。

主题可通古今又可联系海内外，更可与当今时事结合的创新，反映主题的深刻性和时代性，近年来，部分茶艺作品结合国家"一带一路"倡议、结合大学生创新创业、精准扶贫等，大胆且具有创新性，这类作品创作需要一个具体的事件或思想精神与茶巧妙地结合在一起，否则就会显得牵强附会。2016年，浙江省赛作品《缘聚杭州·茶和天下》将发生在杭州的大事件G20峰会与茶结合，举办G20峰会的主旨精神开放、包容、融合与茶的属性如出一辙，由此而引发将茶与花、果、奶、酒进行调饮。

2016年浙江省高职茶艺比赛获奖作品《缘聚杭州·茶和天下》

2. 对标选题

在创新茶艺竞技评分标准中有一个模块是主题立意新颖，有原创性、意境高雅、深远，主题是创新茶艺表演的核心和灵魂，编创茶艺作品首要任务是确定主题，然后其他要素紧紧围绕主题展开。从表演型茶艺的题材与内容来看，常见的有仿古、民族民俗、宫廷、宗教及近现代创意等，近年来"近现代创意"主题呈现更是多种多样，亲情、师生情、同学情演绎、敬老敬祖等。对于表现具体的事件、人物的主题茶艺，其特征表现为故事性强、表演元素多样化，往往具有一定的故事情节，将一个故事娓娓道来，通过故事情节的推动来揭示出所要表现的主题，如将主题联系茶人和茶事，茶人和茶事可以是历史上与茶有关的人物或事件，如2013年国赛一等奖作品《绿野仙踪茶味书韵》是以历史人物茶圣陆羽为原型，是一个仿古茶艺作品，描述陆羽常跋山涉水、翻山越岭、致力于茶，与才女李季兰以茶相交，终以《茶经》一书闻名于世的故事；也可以是我们身边的茶人或茶事件，如2014年浙江省赛一等奖作品《乡之味》描述在外漂泊的游子在中秋收到父母亲手制作的家乡茶，由此引发游子的思乡情，茶代表家的味道，也是游子眷念的味道。

2013 年全国高职茶艺技能比赛获奖作品《绿野仙踪茶味书韵》

3. 主题灵感

中华茶文化博大精深，底蕴深厚，地方特色人文趣事非常多，在开始进行茶艺编创，最容易根据地方人文个性、所产茶类去选择不同的主题内容及表演形式来丰富茶文化内涵。

在具备一定基础上，从茶味体验、茶具选择、生活百态及知识积累中去捕捉灵感，提炼编创茶艺表演主题，尤其是从生活百态中，也许是你身边正在经历的一个茶事件，也许是看到的一本书、读到的一首诗、一个感动的瞬间，将其进行提炼、丰富并赋予茶文化内涵，给人以思考和启迪。

4. 主题忌讳

一个表演茶艺，主题只能一个，选择一个主题并将其丰富，而不可过多的主题堆砌。主题应该体现思想、意旨、哲思或情趣，通过人、事、情的叙述来凸显，将主题进行丰富，切忌部分茶艺作品泛泛而谈茶，如禅茶一味、人生如茶、茶可清心等类似大而泛滥的主题，主题太大等于没有主题，表演的作品对主题具有唯一性，如表演作品可随意换主题不影响效果，必将是一个失败的作品。

二、茶艺编排设计

1. 茶艺编排原则

在确定好茶艺主题后，就要进行茶艺的编排设计，编排设计首先要满足泡茶的科学功能，泡茶技艺是茶艺编排设计的核心部分，茶汤艺术是整个茶艺表演艺术的核心，如果茶都泡不好，再好的表演设计也只是形式，茶艺编排设计是一泡茶技艺为核心，再进行有机的融合和调配；其次，要符合茶艺的基本特征，包含备具、备水、备茶、投茶、泡茶、分茶、奉茶、品茶等基本程序，同时，地方名茶茶艺要有地方的基本特征，少数民族茶艺要有少数民族的基本特征；再次，融入恰当的表演艺术，在主题立意的呈现，有时仅靠茶艺本身的艺术表现是不够的，可根据主题立意增加表演艺术，如舞台剧情、舞蹈、书法、古典乐器、国画、香道、化道等，表演艺术如蜻蜓点水，分量不宜过重，否则本末倒置；最后，创新茶艺的表现形式，艺术化的呈现茶艺，如2018年浙江省赛一等奖作品，以画框配仿古任务的形式展现不同朝代的冲泡技艺，这些艺术化的编排，提升了整个作品的质感。

2. 茶艺编排细节

在茶艺大赛中，创新茶艺作品的编排设计，根据主办方要求，确定表演人数，一般茶艺表演的有一人、二人和多人，一人或两人为主泡，其他为助泡，或服装、道具、动作一致人人为主泡。当下的创新茶艺作品，在有特定主题情况下，角色之间有分工互动，在突显主泡的同时，有一条无行的线将各角色联系在一起，使其不是单独的个体，更好地为表达主题服务。如2019年全国高职茶艺比赛获奖作品《闲对茶史忆古人，慢煮光阴一盏茶》的主线是回顾茶历史，演绎唐宋明清茶艺，但落脚点还是现代茶馆，避免穿越奉给评委的茶是当代茶馆里茶艺师冲泡的柑普，同时为避免场地混乱，选用画框，一动几静的方式去表达，一个画框是一幅画，历史陈述到该朝代的饮茶方式时，该朝代的人物开始配合相应动作，其他时候则是静止的，形成唯美的画面感，同时也凸显了主线。

2019年全国高职茶艺比赛获奖作品《闲对茶史忆古人，慢煮光阴一盏茶》

三、茶艺舞台设计

在主题立意清晰，茶艺编排设计基本确定后，接下来就是舞台设计了，常见的舞台设计包括布景、灯光、道具等，其任务是根据剧本的内容和演出要求，在统一的艺术构思中运用多种造型艺术手段，创造出剧中环境和角色的外部形象，渲染舞台气氛。

1. 舞台布景

舞台布景能够起到渲染舞台表演氛围，增强观众对舞台表演的认可和肯定，扩展舞台表演空间与环境，深化舞台表演主题内涵的作用。布景包括写实类布景和写

舞台烟雾效果（庐山
云雾推介）

虚类布景，写实布景主要是还原现实生活，目的就是给表演者及观众营造一种强烈的"身临其境"的现场感，现实感和真实感。写虚类布景，主要采用浪漫主义、隐喻等表现手法，以此达到表现人物内心情感的目的，容易引发观众对舞台表演者内在精神世界的思考，带给人一种更高层次的感受。

2. 舞台灯光

茶艺表演过程中，舞台灯光是一种相对独立的艺术手段，也是相对比较敏感且又富有创造性的工作，它能实现表演者与观众情绪、情感的有效沟通。在舞台灯光共同作用下而产生的特定效果，具体表现为灯光及灯光作用下舞台、道具、色彩、明暗及光影效果的不断变化，优化舞台灯光设计的主要目的，可以满足氛围的渲染及欣赏需求。利用灯光效果，采用聚光灯照在主泡上，也可使观众注意力集中在泡茶者身上。

舞台聚光灯效果

3. 舞台道具

常用的舞台道具元素有烟、雾、风、雨、火、光、声音、多媒体、创新机械等，连接在茶艺中舞台道具木、柴、梅、兰、竹、菊、书法、插花、香道、陶器、假山、流水等。道具主要目的是营造舞台表演环境、渲染舞台表演气氛、串联故事情节、塑造人物形象，使用道具要注意动静结合、虚实结合、真假结合。

茶席水雾与假山

4. 舞台茶席

在舞台设计中，茶席设计是核心，首先，在舞台的结构布局中，茶席必须放在最醒目的位置，突出它的主体地位，茶席设计在满足泡茶功能的基础上，应紧扣茶艺的主题，并富有新意，另外当出现多张茶席的情况，应突出主次、层次分明、色彩和谐，适当运用特效元素，提升舞台意境，如舞台灯光、布景、水雾仙境、古典屏风、插花作品、观赏植物、田园篱笆等，如在表达庐山云雾茶的舞台意境中可以使用干冰，营造云雾缭绕的庐山茶的生态环境。

古典屏风与梅兰竹菊运用

茶席空间布局要考虑舞台整体效果，如桌椅的高低错落，用色的协调一致。选择桌椅的类型，可以用符合主题的传统中式或者简约新中式风格的桌椅，如桌椅耐看且可欣赏，避免累赘可考虑不用铺设桌布；若想在桌布上做文章的，就无需考虑桌子的式样，主要考虑大小和高度即可，如利用桌布颜色的寓意，通过在桌布前方手绘和主题相关的图案等。桌子摆放方式也需适当考虑，避免呆板，如八字形、不对称的V字型等。如2014年国赛一等奖作品《茶问子君》用梅、兰、竹、菊配合四季饮茶，运用屏风、高低错落的桌椅，营造中式简约的雅致；2016年浙江省赛作品《缘聚杭州·茶和天下》作品高低错落设置了五桌茶席，桌旗采用黄、绿、蓝、黑、红代表五大洲，红茶与五大洲的花果奶酒调饮。

四、茶艺背景设计

茶艺背景展示的主要目的是营造氛围、烘托主题。随着信息化技术的发展，视频技术在文化传播中的应用逐渐广泛。在创新茶艺中，往往仅靠舞台上的表演难以表现出某些主题背景画面，从而影响观众对茶艺主题内涵的理解。那么以主题立意为核心，挖掘主题背景，选择适当的场景，设计适当的剧情，拍摄成视频作为茶艺表演过程中的背景，对提升主题表现力和舞台艺术活力很有意义。需要注意的是，视频背景是辅助，不是主角，背景的切换和变化都是为了辅助表现不同阶段茶艺的内涵进程，因此要着重注意视频背景与舞台中茶艺表演的相互融合，发挥配角作用，当然视频背景的制作具有较好的融合性，它可以集音乐、视频、图片、解说于一体，使得茶艺表演的过程实施更便捷。

当场地中有LED屏幕时，可制作视频或者图片滚动播放，效果会比较显著。目前常见的背景展示中，除了制作视频在茶艺表演的过程中播放，也可用KT板营造意境，背景设置不宜太过于复杂，应力求简单，以衬托泡茶者的表演为主，让观众的注意力集中在泡茶者身上，同时考虑人物与环境的和谐统一。如2016年浙江省赛作品《缘聚杭州·茶和天下》作品中桌椅、器具、人等原因，背景需简洁明朗，凸显人物，由于场地无LED屏，制作KT板营造意境，采用的是江南韵味的城墙和庭院拱门，也是主题中杭州的特征元素之一，在摆放城墙位置时也考虑到层次感、错落感。

江南韵味的城墙
和庭院拱门

五、茶艺服饰设计

茶服,即事茶之人所穿的服饰。茶服始于汉代,距今已有上千年的历史。而今,随着茶事活动的日益频繁,人们逐渐把事茶者所着的服饰称之为茶服,放眼纵观各大类型的茶艺表演,其服饰的式样、款式可谓琳琅满目、种类繁多,大致都与所表演的主题相符合。

1. 茶服特点

研究最近几年茶艺活动,发现茶师选用的茶艺服饰具有以下特性:一是传统茶艺,此类服饰的种类多采用唐装和旗袍,其特性为结构简单,服饰线条相对自然;二是文士茶艺,此类服饰的种类多选用古代民间传统服饰,其特性古典,能够体现历史文化;三是宫廷茶艺,此类服饰的种类多选用历朝历代的宫廷服装,其特性为颜色鲜艳,服饰奢华;四是宗教茶艺,该服饰的种类多采用传统的宗教服饰,其特性严肃庄重,等级清楚;五是地方茶艺,此类茶艺服饰多选用具有地方性特点的服饰,其特性为简洁、端庄大方、朴素。

常见中式女式茶服(传统旗袍上下分体开襟旗袍改良宽松版)

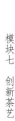

常见男式茶服(开襟盘扣装传统长袍)　　　　民族样式茶服（白族三道茶）

2. 茶服选用原则

服装是塑造茶艺表演者外部形象，体现演出风格的重要手段之一。旗袍是20世纪二三十年代在满族女性传统旗服的基础上，通过与西方文化进行糅合，并不断改进而来；如今，已经成为代表中国女性服饰文化的象征意义。旗袍能够更好地展现出东方女性清新自然、优雅含蓄、端庄典雅的魅力，已经成为女性茶艺表演通用服饰。创新茶艺表演服装的选用原则：第一，符合历史时代、民族民俗风格的特定要求；第二，符合表演者塑造角色的形象要求；第三，不要影响表演者动作的展示；第四，整体风格要统一，满足观众审美要求；第五，服装与配饰需要符合题材的特征，也要思考突出和表现主题，尤其是团体创新作品，要考虑每个角色的特性，也要兼顾全局的协调一致性。

六、解说词编创

茶艺解说词依托茶艺表演而存在，具有一般解说词的解释说明作用，还有引导和帮助观众理解功能，语言通俗、精练、准确、口语化。解说词的内容主要包括主题背景文化、茶叶特点、人物、艺术特色及表演者表达意境等。

1. 解说词定位

在创新茶艺中，解说词是茶艺表演中对表达主题最具表现力的要素，当今创新茶艺的解说词已经不是单纯的解说表演者的步骤和程式，而是通过解说词将整个茶艺表演的内容串联融合，让观众更好通过旁白解说理解作品的主题思想，将表演之外主题延伸的意义展现出来。

2. 解说词编撰

解说词要有新意，切忌长篇大论，只需在合适的时候进行适当的解读。因此，它可能并不一定是一篇结构非常完整的文章，但却扣紧主题层层递进，为茶艺内涵和意境的渲染起到关键性的作用，通过解说与观众的情感之间的共振在时空上得到无限延伸，使观众能够有身临其境的切身感受，建构出该茶艺表演所需要现场氛围。编撰解说词时应考虑观众属性，如专业人士，解说词就应简明扼要；如平民百姓，解说词要通俗、易懂，专业术语不能太多。

3. 解说方式

茶艺解说，主要包括解说词的撰写和解说。从应用的方式来看，有现场解说和背景解说。如果采取现场解说，必须要脱稿和有现场感染力。茶艺解说最好与茶艺表演同步进行，其解说是对表演程序、动作要领、茶文化知识诠释，不仅帮助人们理解茶艺，甚至起到了引领、深化"品茶赏艺"功效。也可提前将解说词录制好，融合到音乐中现场播放，无论采用何种方式，优美、真诚、富有磁性声线的解说，可让观众充分体会听觉上的艺术感受。

七、茶艺音乐编创

音乐是烘托情感、表达意境最有效的手段之一，音乐最容易吸引观众注意力，带领观众进入主题所表达的境界。茶艺表演中背景音乐的主要类型，常见的有古典名曲，中国古典名曲多以琵琶、古琴、古筝、洞箫、二胡等独奏或合奏进行演绎，这些乐曲或情感细腻、委婉缠绵，或清净悠扬、空灵幽远。如《春江花月夜》《高山流水》《梅花三弄》《湘妃竹》，不同的音乐表达的主题内容不一样，如《平湖秋月》表现的是江南水乡之美，《阳关三叠》则表达思念之情。另外，还有部分是现代茶艺音乐，根据茶艺表演的内容、环境、类型等谱写一些专门的茶艺音乐，《闲情听茶》《竹乐奏》《清香满山月》音乐将品茶者带入茶的世界，让品茶者感悟茶之美、茶之韵。在茶艺表演中，应根据主题、环境、表演形式、民族习俗等编创背景音乐。

1. 茶艺音乐选择

首先是要切合主题，有些主题情感丰沛，音乐表达的情感应与作品宣泄的情感相和谐，如2014年浙江省赛一等奖作品《乡之味》在泡茶过程中选择音乐《风居住的街道》，在奉茶高潮部分选择音乐《时间去哪儿》，以此表达中秋夜对家乡思念之情，以及父母对儿女无私的奉献，这种乐曲的缓慢且情感充盈，配合茶艺主题表演更能打动人；有些主题属于叙事型，就不合适有情绪的曲调，适合平缓一点的调，如2018年浙江省赛一等奖作品《闲对茶史忆古人，慢煮光阴一盏茶》讲述串联的是整个茶历史，选用古风平缓一点的曲子较合适，如琵琶曲《故梦》；有些主题清新、现代感强，如在做现代调饮茶系列时，我们就得选择轻快的、现代感强的曲调，如钢琴曲、小提琴曲等，如2016年浙江省赛作品主题是G20的调饮茶，选用大家耳熟能详的钢琴曲 *Snow Dream*。

音乐的选择要根据表演形式、环境等。茶艺表演是形式多样、斑斓多姿的表演艺术，表演形式、表演环境、表演内容等各不相同，这样都影响着背景音乐选择。在茶艺表演中需要根据表演形式选择合适的背景音乐，将背景音乐与茶艺表演融于一体，以营造良好的情感氛围，激发表演者的艺术灵感，提高茶艺表演的艺术感染力。在大型的舞台及空间中，表演者现场弹奏，因为场地和人员的关系，效果非常难达到，除非其技艺极其高超且现场设备到位，否则一般建议事先选好音乐现场播放，常见的现场演奏的古琴、古筝更适合小型范围内的雅集活动，人少安静有利于表演者投入和发挥，观看者也能静心欣赏。

根据民族习俗选择背景音乐。我国茶文化历史悠久，在长期发展中形成了许多有着民族特色的茶艺表演，如白族三道茶茶艺表演、台湾乌龙茶茶艺表演、赣南茶礼等，这些茶艺表演对服装、道具、音乐、礼仪等都有特殊要求。因而，在民族特色茶艺表演中，不仅要重视茶席设计、服饰搭配等，还应选择有着民俗习俗的背景音乐。例如，维吾尔族茶艺表演时，表演者不仅要穿上维吾尔服饰，还要选择《一杯美酒》《达坂城的姑娘》《牡丹汗》《黑黑的眼睛》等维吾尔民歌作为背景音乐，以表现维吾尔族民族的热情豪爽、乐观向上。

2. 音乐层次定位

创新茶艺表演过程中内容的发展、感情的变化、情节的起伏、语言的表达、表演者舞台定位的移动、舞美色彩和风格设计等都是层次性的体现，茶艺音乐伴随以上要素也要有层次性。一首完整的音乐作品中有段落层次之分，一部茶艺表演经常需要几首音乐编辑而成，需要编创者能够把握作品内容和感情发展的变化层次，根据作品层次的变化需求选择合适的音乐，有了作品各要素层次上的统一呈现，才能给茶艺表演鲜活的生命，音乐服务表演的层次性有起有落、有明有暗、有静有动、有进有退。

一部创新茶艺作品，如果从头到尾都是"静""慢""轻"，虽不能说是错，但违反了人类欣赏艺术时的心理发展规律，很难直指人心，因此要根据茶艺作品感情的节奏发展挑选音乐，合理利用音乐节奏的作用推动茶艺表演的情感表达。常见的配合解说有铺垫的音乐（引入）、泡茶过程中的平缓的音乐、奉茶过程中情绪高潮的音乐，有张有弛，有节奏变化的音乐可牢牢把控和引导观众的情绪，从而更好地理解作品的主题和内涵。

3. 音乐融合剪辑

音乐要与表演者融合，音乐不是孤立存在的，与泡茶者泡茶的节奏感融合。创新茶艺是表演艺术，表演者的肢体动作、情节发展的脉络，均有节奏的存在。流动的艺术形式（音乐）往往通过"轻""重""缓""急"的手法来表达，完整的作品应有"起""承""转""合"的规律过程，也可描述为"开始""递进""高潮"和"结束"四个方面。人的心理变化、创作表演、音乐的发展都遵从此规律。在茶艺表演中，当涉及要选用几段音乐进行组合，并配上视频或者图片时，就需要选择专门的剪辑软件，专业软件比如Cool Edit、高级软件Cubase，另外也有一些简单的软件或者手机自带的音频软件，都可以使用。在音乐的剪辑中，要重点注意两首曲子拼接的地方，音频剪切与拼合，后一首曲子淡入，前一首曲子淡出的效果制作，只有这样才不会在拐点显得突兀。当有些曲子时长不够，中间部分可能需要循环时，要找准循环的时机，一般在音乐渐弱的时候比较适合，另外，就是音乐结束时也要考虑其效果，不能在高音或者是在高潮部分突然结束停止，要遵循音乐欣赏的规律。

课题三　创新茶艺竞技

创新茶艺是指参赛选手自选茶艺，设定主题、茶席，将解说、表演、泡茶融入其中，创作背景音乐、茶具、茶叶、服装、桌布等有关参赛用品选手赛前自备。评委通过考查选手对茶艺主题立意、茶席布置及冲泡手法、茶艺礼仪、音乐服饰等方面的整体把握、团队协作和自主创新能力，从茶艺作品创新性、沏泡茶汤质量、器具配置、选手茶艺演示、茶艺解说、竞赛时间等方面进行评比。

一、创新茶艺竞技评分

1. 创意（20分）

主题立意新颖，要求原创；茶席设计有创意，形式新颖，意境高雅、深远、优美。

项目	分值	评分标准	扣分细则
创意（20分）	10	主题立意新颖，有原创性；意境高雅、深远	（1）主题立意不够新颖，没有原创性，扣4分 （2）有原创性，但缺乏文化内涵，扣3分 （3）意境欠高雅，缺乏深刻寓意，扣3分 （4）其他因素酌情扣分
	10	场地、备具布置茶席设置有创新，与主题吻合	（1）缺乏新意，扣3分 （2）与主题不吻合，扣3分 （3）插花、挂画等背景布置缺乏创意，扣2分 （4）场地布置缺乏美感、凌乱，扣2分 （5）其他因素酌情扣分

2. 礼仪、仪容、仪表（10分）

形象自然、得体，妆容、服饰与主题契合；站姿、坐姿、行姿端庄大方，符合礼仪规范。

项目	分值	评分标准	扣分细则
礼仪、仪表、仪容（10分）	10	发型、服饰与茶艺演示类型相协调；形象自然、得体，优雅；动作、手势、姿态端正大方	（1）发型、服饰与主题协调，欠优雅，扣2分 （2）发型、服饰与茶艺主题不协调，扣4分 （3）动作、手势、姿态欠端正，扣2分 （4）动作、手势、姿态不端正，扣4分 （5）仪容仪表礼仪缺乏审美情趣，扣2分 （6）其他因素酌情扣分

3. 茶艺演示（30分）

编创科学合理，行茶动作自然，具有艺术美感。

项目	分值	评分标准	扣分细则
茶艺演示（30分）	12	布景、音乐、服饰及茶具协调，具有较强艺术感染力，且茶艺动作及茶具布置有美感，有实用性	（1）布景、服饰及茶具等色调、风格不协调，扣3分 （2）布景、服饰、音乐与主题不协调，扣3分 （3）表演缺乏艺术感染力，扣2分 （4）表演艺术感染力不强，扣1分 （5）茶具或茶艺表演无实用性，扣2分 （6）整体表演（器、人、境）欠协调，扣2分
	5	奉茶姿态、姿势自然，言辞得当	（1）奉茶时将奉茶盘放置茶桌上，扣2分 （2）未行伸掌礼，扣1分 （3）脚步混乱，扣1分 （4）不注重礼貌用语，扣1分
	13	动作自然、手法连贯，冲泡程序合理,过程完整、流畅，形神俱备	（1）动作不连贯，扣2分 （2）操作过程水洒出来，扣2分 （3）杯具翻倒，扣2分 （4）冲泡程序不合茶理，有明显错误，扣3分 （5）投茶方式不准确，扣1分 （6）表演技艺平淡缺乏表情，扣2分 （7）选手间协作无序，主次不分，扣3分

4. 茶汤质量（25分）

茶汤质量要求充分表达茶的色、香、味等特性，茶汤适量，温度适宜。

项目	分值	评分标准	扣分细则
茶汤质量（25分）	15	茶汤色、香、味等特性表达充分	（1）茶汤不纯正、有异味，各扣1分 （2）茶汤涩感明显、不爽，各扣1分 （3）茶汤滋味过浓或过淡，各扣1分 （4）茶汤颜色过浅或过深，各扣1分 （5）茶汤欠清澈、浑浊或有茶渣，各扣1分 （6）茶品本具备的香型特征不显，扣2分 （7）茶品本具备的滋味特征表现不够，扣2分 （8）其他因素酌情扣分
	10	所奉茶汤适量、温度、浓度适宜	（1）奉茶量过多或过少，各扣2分 （2）茶汤温度不适宜，扣2分 （3）冲泡后茶汤浓度过浓或过淡，各扣2分 （4）其他因素酌情扣分

5. 文本及解说（10分）

文本阐释突出主题，能引导和启发观众对茶艺的理解，给人以美的享受；文本富有创意，讲解清晰。

项目	分值	评分标准	扣分细则
文本及解说（10分）	10	文本阐释有内涵，讲解准确，口齿清晰，引导和启发观众对茶艺理解，给人美的享受	（1）无展示茶艺作品纸质文本，扣3分 （2）文本阐释缺乏深意与新意，扣2分 （3）解说词立意欠深远、无创意，扣1分 （4）解说词无法引导理解茶艺，扣2分 （5）讲解与演示过程不协调一致，扣1分 （6）不脱稿、口齿不清、欠感染力，扣2分

6. 竞赛时间（5分）

操作时间不少于10分钟，不超过15分钟。特殊情况可延长5分钟。

项目	分值	评分标准	扣分细则
竞赛时间（5分）	5	在10~15分钟内完成茶艺呈现，特殊情况报备后可延长5分钟	（1）超1分钟之内，扣1分 （2）超1~2分钟，扣3分 （3）超2分钟及以上，扣5分 （4）少于8分钟，扣5分 （5）8~9分钟，扣2分 （6）9~10分钟，扣1分

二、创新茶艺创编指导

一个优秀创新茶艺竞技作品，通常在四个方面做得相对优异：一是茶席布置有新意；二是茶艺创新主题传递正能量；三是展示过程中动作柔美协调；四是将茶真正泡好。

1. 科学沏茶

科学沏茶是茶艺创新的基础，茶艺首先是一种科学沏泡茶的技术，因此，饮茶科学是茶艺传承与创新的内在基础；首先，传创茶艺之人必须对所沏泡的茶加工工艺有了解，以便掌握茶性为泡好茶做好准备。了解制茶工艺不一定就是要到茶厂仔仔细细学会制茶，只要到制茶一线观摩体验该类茶影响品质的关键工序，为后期茶艺实操中因时因景因情变化泡出品质稳定一致的茶提供理论依据。其次，掌握茶叶品鉴方法，茶叶品鉴与茶叶评审不是一回事，评审是在同样条件下如沸水、1:50茶水比等状况下评比出好中差，茶叶品鉴是在体现。因此，需要掌握茶叶评审用语，准确描述茶叶的色香味形，需要多喝茶多训练多交流，为后期茶艺实操中沏泡一杯好茶提供操作实践指导。最后，学会融汇茶叶沏泡技法，这是在前两个环节基础上，综合运用茶水比、茶水温度、出汤时间、注水手法和投茶方式等诸多因素，唯一目标就是奉献一杯完美展示茶叶自身最佳品质的茶，是为茶艺展示中沏泡一杯好茶集大成者。

2. 主题开发

茶艺创新的精髓灵魂是主题开发，主要包括谙熟相关历史典故、因人塑造角色、通晓创新传承根本三个方面。第一，谙熟相关历史典故，就是要遵循历史事实。选具用料避免穿越时空，闹出笑话，如什么朝代用什么茶具、饮用什么茶类，选手该穿什么服装、用什么礼仪等；另外还有什么民族有什么风俗习惯、什么宗教还有什么教义，历史人物与其时代背景尽量一致等。第二，因人塑造角色，这是茶艺传承与创新的一个相对比较难拿捏的技法，选手的身材、性格甚至声音都是影响角色定位的因素，因人适角色如同因材施教。第三，通晓传承创新根本，就是传承茶艺文化中正能量，在茶艺创意方面采用创新意识如沏茶手法、背景烘托、音乐选择、主题挖掘、茶席设计及舞蹈穿插等，一切为了提升茶艺作品的质量和效果的传创原理与方法，更多依靠编创人品位、修为及创新能力。

3. 艺术呈现

茶艺创新的外在形式是艺术呈现，主要包括了解背景音乐共鸣、掌握茶席布置原则、懂得营造烘托主题氛围奥秘。其实一个优秀茶艺作品的呈现构成因素很多，但是在一个持续不超过一刻钟的茶艺展示过程中，首先，能打动观众和评委的第一场景一定是一个大气磅礴、设计科学搭配精美的茶席，这是优秀茶艺作品的静态呈现要素。其次，能够相对比较直接打动观众和评委的应该算是与优秀茶艺作品相得益彰的优美动听背景音乐和解说视频，这是弥补茶艺师在短时间无法呈现表达主旨情怀，这是优秀茶艺作品的动态呈现要素。最后，应该是一项多维度集大成到营造烘托主题的氛围因素，如与情节吻合的舞蹈、书法、对白、沏茶等，最终目的就是使作品要呈现的主题表达的酣畅淋漓、舒心爽肺。

三、《龙窑茶魂》茶艺欣赏

【扫码链接视频】

课题四　创新茶艺文案编创

创新茶艺文案是以图文结合的手段，对设计作品进行主观反映的一种表达方式。创新茶艺文案作为一种记录形式、一种设计理念、设计方法的说明、传递方式有它自己的规范性和创作空间。

一、茶艺文案构成

设计文案一般由标题、选用茶叶、选用茶具、创作思路四大模块组成，创作思路要作为其核心部分，包括主题思想、角色分配、茶席及舞台布局、解说词等。

1. 主题部分

标题：在书写纸的头条中间位置书写标题，字形可稍大。或用另外的字体书写，也比较醒目。标题要求高度概括节目的主旨，看到主题名称，就能对节目的主题有一定的认知。

选用茶品：茶品的特点，以及为什么要选择此茶品，与主题的关联。

选用茶具：茶具的材质、配备介绍，以及茶具与茶品，与主题的关联。

背景音乐及视频制作：音乐的名称，音乐的剪辑思路，表达的情感与主题的关联；如有背景视频，简单介绍视频场景的素材及与茶艺节目表演辅助效果的关联。

2. 正文部分

创作思路：包括主题思想、角色分配、茶席及舞台布局、解说词等。主题思想字数一般在300字左右，概述主题的背景和意义，节目的核心内容，具有概括性和准确性，说明茶艺表演者的角色分工，介绍茶席的立意，主要元素，舞台基本格局、整体风格，融入哪些综合艺术以营造整体意境，如若配合图片，或者画出布局图，更具象变现出来就更好了，解说词可以附在最后，可以是散文式、诗歌式、根据节目的需要确定风格，解说词的撰写应按照剧情、茶艺流程的顺序来写。

其他：为了使茶艺表演者更充分体会创作者创作思路的构建和创作节目的初衷，也可增加一个模块内容，如"创作初衷"，若是节目风格为融入剧情表演艺术，茶艺流程中也可详细说明剧情，使茶艺表演者更能深入体会人物的性格特点及心理活动，更好传达节目内涵。

二、《那些年·茶》案例

【标题】

那些年·茶。

【选用茶品】

白毫银针分为新白毫银针和陈年白毫银针，新白毫银针芽头肥壮，遍披白毫，挺直如针，当年所产银针汤色浅杏黄，味清鲜爽口。陈年白毫银针，汤味醇厚，香气清芬。选择两款茶，以此来映衬岁月给茶和给人带来的洗礼，来感受茶里青春故事。

【选用茶具】

新茶采用影青瓷壶冲泡（女），陈年白茶选用紫砂壶冲泡（男），分别配以玻璃公道杯，方便观察汤色，新茶选用葵纹影青品茗杯，陈年白茶选用四角影青品茗杯，加以区别。

【选用音乐】

背景音乐分别采用《晨雾》（钢琴曲），鸟鸣阳光普照的感觉，配合男女主人公在阳台翻相册的场景；《蝴蝶与蓝》（古筝和大提琴），古筝音色清越、高洁、典雅，委婉动听，大提琴音色醇厚、宽广而温暖，其低沉浑厚的抒情旋律配合着主人公泡茶回味青春往事；最后在奉茶时采用匆匆那年（小提琴）轻音乐，在高潮部分配以音乐歌词，整个意境

【创作思路】

作品人物共有6人，男女主人公在主场景，也为现实景，在校园杨柳依依的池边；辅场景为虚拟回忆景，以教室和操场两幕怀旧校园景衬托，教室有2人（友情），操场有2人（爱情，年轻时候的男女主人公）。

作品以回忆青春校园岁月为主题，故事以男女主角在阳台上看书（席慕容《青

春》）和翻相册的温馨画面为伊始，通过一起泡茶来回忆他们在一起学茶的校园时光，包括有校园经典的教室场景和操场情景。

茶席选择干净的白色和淡灰色为底，配以生机盎然的绿色桌旗进行叠铺，象征青春岁月纯净与青涩。茶品选用新白毫银针和陈年白毫银针两款，分别采用影青瓷和紫砂壶进行冲泡。新白毫银针，单纯、清新；陈年白毫银针，醇厚、芬芳，来映衬岁月给茶和给人带来的洗礼，来感受茶里青春的故事……

每一个人都有青春，每一个青春都有一个故事，每一个故事都有一个特别的意

回忆中的教室

回忆中的操场

现实的背景湖边

义，或爱情，或友情。青春像一杯茶，它有着沁人心脾的幽香，也有着淡淡余留的苦涩，岁月给人带来的洗礼正如给茶带来的洗礼一样，历久弥香，生命的每一驿站都有其独到的意境，所有经历过的一切都会成为宝藏，青春不在年华，而在心境。正在经历的，就是最好的年华。

三、解说场景设计

舞台场景正中间是主泡台，背景设计是校园湖边自然实景，舞台左右分别是教室场景和操场场景，因是回忆的景象色系偏黑白。

解说：时间像一条小溪，蜿蜒流淌，留下道道水纹，波光粼粼。林影悠悠，鸟鸣悦耳，一排排杨柳泛着新绿，枝枝叶叶间透露出点点阳光，照在字里行间里。

女主泡直接入场，阳台上看书（席慕容的《青春》），男主泡入场，手拿一本青春的相册和准备给妻子的一件驱寒的披肩。

解说：所有的结局都已写好，所有的泪水都已启程，却忽然忘了是怎么样的一个开始，在那个古老的不再回来的夏日，无论我如何地去追索年轻的你，只如云影掠过，而你微笑的面容极浅极淡，逐渐隐没在日落后的群岚，遂翻开那发黄的扉页，命运将它装订得极为拙劣，含着泪我一读再读，却不得不承认青春是一本太仓促的书。

此刻男女主泡陷入回忆，入席坐泡。

解说：放下书，捧起茶杯，清香直沁心田，白瓷杯里嫩嫩的绿叶打着转儿，随着水的韵律轻轻摇摆身躯，舞出自己曼妙的风姿，水汽徐徐升起，升腾着、缠绕着、盘旋着、跳跃着、涌动着，如轻纱，薄雾，透过这薄雾，一幕幕青春往事涌现眼前……

教室里两个学生从背景板后出场，演绎教室学生上课情境。

解说：教室里，每一方都是追梦的足迹，遍地零碎的笑靥，漫天横飞的纸条；高谈阔论的老师，自己的世外桃源。会喜滋滋地喊某个人的外号，会逃几节在当时看来并不重要的课。那时，梦想的种子开始发芽，数也数不清，虽然最终只能是"去是陌上花似锦，再来已是花落尽"的结局，但依旧是我们稚嫩而唯美的记忆。

主泡下去赏茶给评委，新白毫银针和陈年白毫银针。

解说：那时的日子，就像新做的白毫银针一样，单纯，清新。经历了岁月的洗礼后，醇厚，芬芳。

记忆里的夏日都是暖阳，没有燥热。在每天学茶的课外时光里，都觉得空气中都弥漫着茶香，就连倾盆大雨都带着茶味。

教室里的两个人物定格不动，操场上两个学生从背景板出场，演绎一对情侣下课后操场玩耍的情境。

解说：操场上，欢快奔跑的身影，汗水在阳光的刺激下发酵成了梦想的气泡，草坪上飞驰而过的身影，树荫下闲聊的说笑。不知不觉中，洋溢着青春气息的友谊宛如一缕缕清茶的幽香，带着湿润入骨的气味，萦绕着我们……

那些年，在不懂爱的年纪遇见爱。当18岁的我们遇上同样18岁却像是女神般的她，结局有些被风吹得支离破碎，但学会了感悟，学会了成长；有些被人艳羡，走入了婚姻的殿堂，柴米油盐的生活，学会了理解，学会了包容。

两个学生离开教室，手上拿了套简易的泡茶器具，走到操场，和操场上的一对情侣席地泡茶喝茶（场景之间的交流，茶是条无形的线）。

解说：那些年，青春像一首诗，更似一杯茶。它有着沁人心脾的幽香，也有着淡淡余留的苦涩，同时，也拥有着令人忍不住去回味的魔力。

一天又一天，看着寒冬消尽的初春，看着落叶被深埋在金秋，花开花落，那季节的色彩已被泼洒成斑斓的画卷，越来越远……

进入社会多年，平添了许多角色，爱人、父母、下属、上级……渐渐地发现原来每个人都会成长，生活像是一块磨刀石，在岁月的长河中慢慢抹去了每个人的棱

2017年浙江高职茶艺比赛获奖作品《那些年·茶》

模块七 创新茶艺

181

角，收敛起人们最初的希望和冲动，更像是潺潺的流水不经意间在身上流淌，不知不觉地让你更加圆滑，像成熟的老者，与生活融为一体。

操场上喝茶的场景定格不动（因为是回忆），主泡下台奉茶。

解说：岁月给茶带来的洗礼如同给人的一样，此刻，放下了一切杂念，抛掉压力、焦虑、烦躁、不解，感受那股轻飘飘的清香钻入体内，升起的莫大幸福感……感受那茶里光阴的故事……

主泡在品茶中露出回忆的神情。

解说：生命的每一驿站都有它独到的意境，所有经历过的一切都会成为宝藏，青春不在年华，而在心境。你正在经历的，就是最好的年华。时光流逝如水，我们成长正酣。

青春不该荒芜，让我们继续启程！

课题五　仿古茶艺编创

仿古茶艺是以历史相关人物、现象、事件等资料为素材，经过艺术加工与提炼而成，以再现古人的饮茶活动，如宫廷茶艺表演、文士茶艺表演，具有浓厚的历史文化底蕴。

仿古茶艺表演细分为两大类型：一是按照文献的记载，尽力进行原始状态的"再现"，这里的发挥空间比较小，要完全以历史为准；二是以特定历史时代为背景，进行某种主题的艺术化的阐释，这里编创的相对空间和想象余地比较大。

一、中国古代茶艺茶事

1. 唐代（煮茶）

茶业的兴起在唐朝，社会条件的完善为饮茶的普及奠定了良好的基础，唐朝皇室对茶的需求量逐渐扩大，并建立贡茶制，"凤辇寻春半醉回，仙娥进水御帘开，牡丹花笑金钿动，传秦吴兴紫笋来"，诗人张文规生动描述了紫笋茶进贡时的情景。

煎茶道，是唐朝最负盛名的饮茶方式。煎茶所用茶品为饼茶，其茶主要用饼茶，经炙烤、碾罗成末，候汤初沸投末，加盐并加以环搅、三沸则止。分茶最适宜的是头三碗，饮茶趁热，及时洁器。茶事千年，著有《茶经》。茶圣陆羽所撰的世界第一部茶书，构筑了一个气度恢宏、体系完备的茶文化体系。陆羽以精湛的茶艺、丰富的理论思维，极大的推动了茶饮风习的普及和饮茶艺术化过程，使唐代成为中华茶文化发展史上的第一个高峰。

唐代《宫乐图》

2. 宋代（点茶）

茶兴于唐而盛于宋，宋朝是中华民族古代经济文化的鼎盛时期，茶业重心随着经济重心南移，饮茶的普及还使斗茶之风盛行，茶书、茶诗词、茶书画等茶文化作品无数。

中国历代讲究茶艺者，以宋为盛。宋人都喜好饮茶，而文人雅士更好比较茶的好坏和泡茶的技术，号称"斗茶"。斗茶必须精于茶理，将团饼茶碾成茶末，用茶箩筛选出颗粒较细的茶末，再放到茶盏里注水，用特制的茶筅击拂，点出的茶沫以鲜白、细腻、厚实为佳。宋人点茶，对茶末质量、水质、火候、茶具都非常讲究。生长于书香门第的李清照则惯于此戏，她在鹧鸪天词云"酒阑更喜团茶苦"，在转调满庭芳词云"当年曾胜赏，生香熏袖，活火分茶"，表现了李清照在茶艺方面的造诣。

宋人饮茶，目的不在解渴，而是一种怡情养性的艺术活动，简短的茶词与茶诗是宋代文人精神风貌的写照，浸润着宋代文人的人格理想，在一具一壶、一品一饮中寻找自己平朴、自然、神逸、崇定的境界。

宋代《撵茶图》

3. 明清（冲泡）

明代茶道继承了唐宋茶道的饮茶修道思想，兴泡茶道，以撮泡法饮茶。明代文人张源在《茶录》中写道："投茶有序，毋失其宜。先茶后汤，曰下投。汤半下茶，复以汤满，曰中投。先汤后茶，曰上投。"这是历史上最早关于茶叶投茶方法的描述，泡茶在文人手中被推向极致。无论对名茶的品评鉴赏、制茶泡茶的技巧、茶具的设计制作等方面，无不精益求精。明代走向精致化的文人茶艺，又称为茶寮文化。茶寮，为明代茶人所独创的小室，幽静清雅的茶寮是文人生活的重要场合之一，尤其是士大夫阶层中带有隐逸倾向的人士，他们轻视声色犬马，不热衷功名利禄，具有很高的文化素养，琴棋书画、焚香博古等活动均与饮茶联系在一起。

明代《惠山茶会图》

二、仿古茶艺编创技法

1. 遵循历史原则

无论是表演服装、音乐、茶具，还是泡茶技艺，都必须符合表演内容的历史特点。例如，在表演唐代宫廷茶艺时，表演者要穿着唐代服饰，表演所配的音乐必须为唐代或者唐以前的古乐，所使用的茶具和茶的冲泡方式应该与唐代的饮茶方式相匹配，如唐代的宫廷用具都是比较奢靡的，以金银为主，可以法门寺出土的唐代宫廷茶具作为参考依据，包括茶碾、碾轴、罗合、银则、长柄勺等；另外，唐代饮茶方式是煮茶，要加调料，常见的是用长柄勺勺茶汤，唐代茶艺的程序：炙茶→碾茶→筛箩→取火→选水→育汤花→观色、闻香、品味→精神升华，如果我们用当代的泡饮方式去表演唐代的仿古茶艺，则有穿越之疑；冲泡的茶类也要符合史实，如在唐代茶类只有蒸青绿茶，而且是压制的团饼茶。从更为科学和准确的要求来看，还应有更为细微的把握，如同为唐代服饰，宫廷与民间的服饰有区别，各种不同等级身份的人员着装也有区别。

2. 呈现古朴风格

仿古茶艺表演因为其仿古的性质，必然要求在表演中尽可能地体现出古朴、典雅的特色。不同性质的茶艺，应该具备不同的风格，这种风格由其不同的内容、不同的内涵所决定的，也是由其不同的时代特征所决定的，任何时代都有其风格的基调，而古代文化因为历经时代的风云，大多以厚重的凝重的深色调为基础，而且，不同的朝代风格不同，仿唐茶艺表演和仿宋、仿清茶艺表演等都要有所区别。

3. 传承创新融合

在遵循传统的基础上，又要有时代的气息。任何时代的仿古茶艺，都应该有文献的依据、史料的依据，甚至有那一特定时期的"形象依据"。虽然唐宋时期没有摄影、录像，但有绘画作为"形象史料"。需要注意的是，仿古茶艺又并非原始包装的出土文物。更何况，古代茶艺给我们写下的是文字和图画载录，需要进行"链接"，把片段式的"情景"还原为"场景"的再现。因此，在讲究符合历史真实性的同时，仿古茶艺表演也要求能被现代观众所接受，所以表演的动作既要不失古朴典雅的风范，又应优美、流畅，才能收到好的效果。

三、《绿野仙踪茶味书韵》编创案例

1. 茶艺文案编撰

【标题】

绿野仙踪茶味书韵。

【选用茶叶】

顾渚紫笋蒸青饼茶，因其鲜茶芽叶微紫，嫩叶背卷似笋壳，故而得名。其为上品贡茶，在唐代即被陆羽论为"茶中第一"，在当时名气响亮，其香气馥郁，孕兰蕙之清。

【选用茶具】

采用古朴的陶土茶具，主茶具为黑色陶土碗，用以煮茶，品茗杯采用粗陶白黑两色天然相间，营造古朴的感觉，茶具配以两套，男女主人公各一套。

【选用音乐】

背景音乐开始引子部分采用流行乐《康美之恋》，通过舞蹈表现出陆羽平生不仕，常跋山涉水、翻山越岭、致力于茶，与才女李季兰以茶相交的故事。茶艺部分选用陈悦作品《绿野仙踪》，洞箫，一音一符勾勒出如中国山水画般清幽淡远的情感，将李季兰和陆羽以茶相交，淡如清茶般的茶情，清香幽长。

【创作思路】

一世茶情，一部茶经，悠悠茶韵。

陆羽平生不仕，常跋山涉水、翻山越岭、致力于茶，与才女李季兰以诗相交、以心相交，更以茶相交，淡如清茶般的茶情成为千百年茶人间美谈。陆羽创作《茶经》间，翻山越岭，采茶觅泉，品茶鉴水，李季兰常常伴随左右；李季兰染病间，陆羽悉心照料，这种或友情亦或爱情的情感，皆如清水煮茶，纯洁又散发着迷人的清香。

最终，陆羽以《茶经》一书闻名于世，其勇于追求理想、淡泊名利、不畏艰难的茶人品格是中国茶道的核心体现。

2. 茶艺团队组建

角色一：陆羽，中国茶圣，著有《茶经》。

角色二：李季兰，唐代著名道姑，善琴，工于格律诗，为一代才女。

角色三：陆羽茶童（助泡）。

角色四：李季兰侍女（助泡）。

3. 茶席编创设计

用竹子镶嵌木板四周，下边铺以泥色桌布，营造古朴、自然、雅致的氛围，茶席设置在山水之间，因为非宫廷茶艺，可以多营造自然的景色，茶席桌上铺以小石子，蜿蜒曲折，营造出溪流的感觉，另外配以石块、枯木插花等。

茶席设计俯视图

4. 茶艺服饰设计

男女主角服饰参考画片造型；同时，以史实为基础，根据剧情需要，对男女主角服饰做适当的修改或配以辅助装饰物，反映男女主人公所处年代、地域的风俗市情和性格特点等；茶艺助演着唐朝茶女服饰和书童服饰。所有表演用品和服饰等，通过购买或租赁现有网上和演艺服饰实体店的服装。

5. 茶艺舞台设计

（1）布景与视频

（引子）投影仪或LED屏播放茶山风景视频，镜头由全景切入寺院外景特写后定格。（情节部分）男女主人公起舞时，播放高山流水、高山云雾、茶园风光、湖光山色等风景视频，视频剪辑配合音乐的情绪展开设计。（茶艺部分）茶艺表演时，播放溪边亭台场景。

（2）道具制作

茶园布景（由KT板裁切制成），书桌、笔架、书本，表现出写《茶经》的场景。

6. 沏茶流程设计

唐茶叶制法都为蒸青，主要以茶饼为主。唐朝煮茶法又名煎茶法（先烤再

磨），备茶（炙烤茶饼），煮水（三沸），投茶（第一道沸加调味盐，第二道沸舀出一勺，用于第三道止沸，第三道沸加茶末）。

7. 茶艺表演编排

（1）引子

陆羽、书童出场（开始~45秒）。

音乐起，《康美之恋》，用舞蹈语汇表演，陆羽在茶山研茶、种茶、制茶场景，两人在茶山间，采茶、议茶，情绪欢乐，表现茶人过茶事生活身心愉悦的感受。两人采茶后，下山。

李季兰出场（45秒~3分钟）。

用舞蹈语汇表演：陆羽和书童下山邂逅正在泉涧溪流边，展茶席研茶艺的李季兰，忆起青梅竹马的恋人。经过证实，双方发现正是朝思暮想的旧相识。这段描写两人两小无猜、因茶邂逅（情窦初开）、以茶相交，相约煮茶的往事，推动情节表演、音乐渐至高潮。

背景视频素材为溪水、石头、泉水、茶园等自然风光，配以字幕：

茶圣陆羽与女冠李季兰共谱《茶经》的情思神话……

千百年来，岁月的炉火一直燃烧着，青翠的茶叶在山泉水里绽放着经年的故事。

李季兰专研茶艺，诗书琴棋绝伦。

背景开场标题

陆羽与李季兰儿时青梅竹马，小时候一起采茶劳作，与茶结下不解之缘。成年之后，两人各别西东，陆羽跋山涉水，四处云游，品泉鉴水。

（2）茶艺展示

茶艺展示（3~12分钟），音乐《绿野仙踪》洞箫。

李季兰邀约陆羽进入溪边亭台习茶艺。音乐转换，茶圣陆羽带书童（助泡），李季兰带侍女（助泡）各自走到亭台茶桌前，开始进行展示，期间（助泡）有帮助烧水布局，主泡之间有眼神、动作之间的交流，表现两人琴瑟和鸣、以茶相交的画面。

背景视频主要为亭台，和《茶经》的卷轴书法，一字字播放，一之源……

背景亭台

背景《茶经》卷轴

【旁白解说】

千百年来，岁月的炉火一直燃烧着，青翠的茶叶在山泉水里绽放着经年的故事。

陆羽，一代茶圣，幼为弃儿、善于佛门、平生不仕。常跋山涉水、翻山越岭、致力于茶，与才女李季兰是两小无猜的儿时玩伴，是谈诗论文的朋友，是心意相通的挚友，他们以诗相交、以心相交，更以茶相交，这种或友情亦或爱情的茶情，皆如清水煮茶，纯洁又散发着迷人的清香。

不羡黄金罍，不羡白玉杯，不羡朝入省，不羡暮登台，唯羡西江水，曾向金陵城下来。陆羽以亲身实践和对理想的追求，终以《茶经》一书闻名于世，其勇于追求理想、淡泊名利、不畏艰难的茶人品格是中国茶道的核心体现。

茶艺展示成为故事发展的有机组成内容，创新茶艺的故事情节与茶艺表演融为一体。

（3）结尾（1分钟）

在创新茶艺尾声，茶艺主泡和助泡助演负责奉茶给评委或观众。

【旁白解说】

一世茶情，一部茶经，悠悠茶韵。陆羽一生坎坷，从人生最底层出发，却达到了生命的最高境界。生命，只有经过挫折与失败，经历不断地翻滚和煎熬，才能留下一段脉脉的幽香。

男女主角奉茶返回舞台，女角奉茶给男角后以舞姿定格，结束整个创新茶艺展示，视频出现《茶经》书籍图片。《茶经》这部茶书，是陆羽经李季兰这位红颜知己的提点，两人互相支持的结果。主题烘托，展现茶人的爱情、友情和对茶文化的执爱情怀。

音乐停止，鞠躬谢幕！

8. 背景资料参考

陆羽、李季兰与《茶经》

陆羽（公元755—804年），字鸿渐。一名疾，字季疵，号竟陵子、桑苎翁、东冈子，又号"茶山御史"。李季兰（公元713—784年），原名李冶，字季兰，乌程（今浙江湖州吴兴）人，唐代女诗人、女道士。

陆羽，被世人称为茶仙、茶圣、茶神。他幼为弃儿，善于佛门，平生不仕，致力于茶事研究。常脚着草鞋，独行野中，采茶觅泉，品茶鉴水，以亲身实践和对幻想的寻求，写下了世界上第一部茶学专著——《茶经》，对中国茶业和世界茶业发展作出了卓越贡献。唐代著名的道姑和茶人李冶善琴，工于格律诗，为一代才女，是陆羽为数不多的红颜挚友。

在李季兰日思慕想、难舍旧情的时候，有一个才华横溢的男子"茶圣"陆羽拜访了她。陆羽的到来恰好弥补了李季兰的失落情绪，二人经常煮雪烹茶，对坐清谈。先是作谈诗论文的朋友，慢慢地因两人处境相似，竟成为惺惺相惜、心意相通的挚友；最终深化为互诉衷肠、心心相依的情侣。李季兰与他除了以诗相交外，更有以心相交。陆羽是个细心热情的人，在李季兰重病之时，一直在她身边照料，李季兰感动不已。一次李季兰身染重病，迁到燕子湖畔调养，陆羽闻讯后，急忙赶往她的病榻边殷勤相伴，日日为她煎药煮饭，护理得悉心周到，其诗《湖上卧病喜陆鸿渐至》道出了和陆羽的知心友情，"昔去繁霜月，今来苦雾时。相适仍卧病，欲语泪先垂。强欢陶家酒，还吟谢客诗。偶然成一醉，此外更何之"，病中心境凄苦，老友探望，欲语泪先垂，强颜欢笑，语在把酒中跃然诗间。

课题六 现代茶艺编创

　　观察社会上茶艺活动，不难发现，表现茶的品质特点、反映新时代茶文化事件、传创新茶道精神内涵、传播地方有关饮茶民俗民风民情，以及讲述家国情怀的中国茶故事，都可以编创成现代创新茶艺，去推进茶艺传承与创新发展。

一、现代茶艺主题提炼

　　茶艺主题类型多样，因此，主题也可从多途径进行提炼。第一，可以从本地域与茶相关的茶文化史料中提炼，也是对本地特色茶文化很好的传承与创新。如2019年第四届全国茶艺技能大赛二等奖创新作品《龙窑茶魂》，着眼于江苏宜兴当地与之相关的一些茶文化和茶具史料，将这些史料的重要意义和内涵挖掘、阐述，再提炼、升华进行表达。第二，从现实中有意义的时事与茶融合提炼。如2019年全国职业技能竞赛优秀作品《故乡茶情》，从茶乡的精准扶贫作为切入点，融入现代时政，将茶与旅游的结合致力于乡村振兴和精准扶贫描绘的绘声绘色。第三，挖掘发生在身边的茶人故事，进行编创主题提炼与升华，如2014年浙江省高职省赛作品《乡之味》，以身边的茶人父母切入，描写茶与亲情的融合，茶之味道即家乡的味道、父母的味道。第四，将当地茶文化风情与儒释道精神结合进行编创表达。2014年第二届大学生茶艺技能比赛作品《灵岩茶韵》，结合当地禅茶文化，灵岩寺是"南茶北饮"僧人饮茶习俗逐渐确立的重要地方，作品描述僧人坐禅饮茶助修以致形成民间转相仿效的饮茶风俗，将饮茶之风由南及北大力推广，表达现代僧人和后辈对"南茶北饮"精神的传承与发扬，同时反映"茶禅一味"的思想。

二、结合时事题材编创

1. 茶艺文案编撰

【茶艺主题】

弘扬红船精神喜迎新中国成立70周年。

【选用茶叶】

九曲红梅，其外形曲细如鱼钩，色泽乌润多毫，滋味浓郁，香气芬馥，汤色鲜亮，叶底红艳，因其色红香清如红梅，故称九曲红梅。经典的中国红，梅花不畏严寒，凌寒傲雪的品格与中华民族无畏艰难，奋勇向前的精神如出一辙。

【选用茶具】

红釉陶瓷茶具一套，一壶、一公道杯、五品茗杯。

【选用音乐】

背景音乐采用小提琴伴奏《我和我的祖国》，小提琴伴奏音乐，悠扬深沉，凸显浓烈的爱国情怀和民族自豪感，在高潮部分配以《我和我的祖国》歌词版，耳熟能详的歌词和歌曲，引发观众的共鸣。

【创作思路】

"不要人夸颜色好，只留清气满乾坤"是元代诗人王冕的佳作，赞扬了梅花不慕虚名、绽放清芬的品格，习近平总书记在党的十九大闭幕之后的讲话当中引用过这句诗，用梅花的品格比喻一个政党对未来的从容与自信。

梅花暗香是因历经苦寒，一个政党的自信包含了他的过往。从抗日战争屈辱血泪史到解放战争峥嵘岁月，从新中国成立初期的艰难探索到改革开放40多年的伟大成就，处于不同历史的关口共产党总能凭借着家国天下情怀，依靠广大的群众支持，做出最正确的选择。小小红船，伟大信仰，南湖红船，承载着中国共产党带领中国人民追求中华民族伟大复兴的光荣与梦想。

梅，适遇寒流，却无悔绽放，凌寒留香，历代被世人敬仰；茶，浮浮沉沉，清清淡淡，不浓烈，荡涤心灵。作品以红船精神为灵感，秀水泱泱，红船依旧；时代变迁，精神永恒；选用茶品九曲红梅，因其色红香清如红梅，梅花是中华民族的精神体现，具有强大的感染力和推动力，也是中华五千年文化积淀的品质涵养，激励着一代又一代人无畏艰难，奋勇向前；选用画轴千里江山图为铺垫，正值中华人民共和国成立70周年之际，表达对祖国大好河山的赞美，抒发爱国爱党情怀，为祖国敬茶！

2. 茶艺角色与舞台设计

（1）茶艺角色设计

主泡：大学生；助泡：大学生的同学；助演：红船里的人物，毛泽东、李达、王会悟（李达夫人）、张国焘。

主泡、助泡穿上下分体的香槟色中式服装，配合主题大方得体，其他助演，王会悟夫人身着旗袍，毛泽东身穿长大褂，穿中山装，穿西装，符合人物个性和特点，这些服装搭配可以参照电影《建国大业》里在嘉兴南湖红船上的人物造型，所有表演用品和服饰等，通过购买或租赁现有网上和演艺服饰实体店的服装。

（2）舞台设计

采用古铜色古朴茶艺桌，上边铺以红色桌旗，和千里江山图画轴，表达对祖国大好河山的赞美，桌旗延伸出去摆放一只红船模型和70周年字样的装饰物，表达对新中国成立70周年的祝福，助泡在主泡泡茶的间隙，在画板上画红船的素描。

红船布景（由KT板裁切制成船的模型，高0.5米，长3米）在舞台上斜45°摆放，船内摆放有竹制桌椅，桌子上摆放讨论文稿、报纸、笔记本、钢笔、茶缸、眼镜等道具，虚拟一个红船内的场景。

红船布景

3. 茶艺表演编排

（1）引子（小提琴轻音乐：《我和我的祖国》）

茶学专业的大学生走入舞台，现场进行解说，交代故事的背景，一名茶学专业的大学生，在思政课老师给大家重温中国共产党成立的故事，充满着敬意和好奇，和同学一起走访了嘉兴南湖，实地了解了红船的故事。在她解说的过程中，她的同学（助泡）扮演一个游客的角色，走走看看，场地里的其他人物类似于展馆人物雕像一样，形成画面感。

背景视频：播放天安门广场+祖国的大好河山+两个大学生本人游览嘉兴南湖的实地场景

【主泡现场解说】

一条小船，诞生了一个伟大的党。我是一名茶学专业的大学生，上周，学校思政课老师给我们重温了一遍中国共产党的故事，讲述了中国共产党第一次全国代表大会在南湖的一艘画舫上完成了最后议程，最终确定党的成立。2019年5月，怀着对历史深深的敬意与对那艘充满故事的航船的好奇，我与同学结伴来到了美丽的嘉兴南湖，中国共产党人的精神让我想起了一种茶品，色红香清如梅，在红船旁我冲泡了一杯九曲红梅，扑面而来的梅子香让我想起了1921年，共产党宣告诞生，1949年，中华人民共和国宣告成立。今天，在新中国成立70周年来临之际，在这里我为大家冲泡这款茶。

（2）茶艺展示

主泡、助泡行礼入座，助泡将干茶奉到评委处，完成赏干茶的程序，回场地后主泡拿起素描画板开始画画。主泡在茶桌前完成盖碗冲泡九曲红梅的步骤：温杯→置茶→浸润泡→摇香→闻香→冲泡→奉茶，在冲泡的过程中与助泡也有互动。

【第一段背景旁白】

"已是悬崖百丈冰，犹有花枝俏"，毛泽东笔下的梅花傲寒俊俏，积极乐观。梅花暗香是经历苦寒，一个政党的自信包含了它的过往。

1921年7月23日，中国共产党第一次全国代表大会在上海法租界望志路106号秘密召开，参加会议的代表一共13人，分别代表全国7个共产主义小组，50多名党员。会议进行至中途，遭法租界巡捕的袭扰而被迫停会。根据上海代表李达的夫人

茶艺比赛现场

王会悟的建议，"一大"会议转移到嘉兴南湖的一条游船上继续行，在这里审议通过了党的第一个纲领和第一个决议，选举产生了党的领导机构——中央局。

背景视频：配合解说和展览馆墙壁的资料，以及电影《建国大业》的片段。

站在红船边，历史仿佛在那一刻重现，隐隐约约可以听见船舱内曾经为成立一个即将拯救全中国人民的组织而进行激烈讨论的声音……

原本定格为雕像红船里的人物开始上演：

李达的夫人王会悟在船头把守观望，在讨论的间隙帮助组员们加茶水。

张国焘（西装）：同志们，现在到了最重要的时刻，讨论最后一项议题，选举党的中央机构。应到代表13人，实到代表12人，经过投票，陈独秀、张国焘、李达三位同志当选为中央局成员。

李达（中山装）：同志们，我想朗诵一段《共产党宣言》来表达此刻激动的心情……

毛泽东（长袍）：让统治阶级在共产主义革命面前发抖吧！……

合：全世界无产者联合起来（3遍）。

演完后，红船里的人物再次成为雕像。

【第二段背景旁白】

面对满天风雨阴霾，会议闭幕时他们轻呼出时代的强音：共产党万岁！世界劳工万岁！第三国际万岁！共产主义万岁！一湖烟波无声，见证了阴霾中的开天辟地大事变，这艘画舫因而获得了一个永载中国革命史册的名字——红船，成为中国革命源头的象征，中国革命的航船就这样在嘉兴南湖扬帆起航了。

"不要人夸颜色好，只留清气满乾坤"是元代诗人王冕的佳作，赞扬了梅花不慕虚名、绽放清芬的品格，习近平总书记在党的十九大闭幕之后的讲话当中引用过这句诗，用梅花的品格比喻一个政党对未来的从容与自信。

从抗日战争屈辱血泪史到解放战争峥嵘岁月，从新中国成立初期的艰难探索到改革开放40周年的伟大成就，处于不同历史的关口共产党总能凭借着家国天下情怀，依靠广大的群众支持，做出最正确的选择。南湖红船，承载着中国共产党带领中国人民追求中华民族伟大复兴的光荣与梦想，红船精神是开天辟地敢为人先的创造精神；坚定理想百折不挠的奋斗精神；立党为公忠诚为民的奉献精神。

背景视频：两个大学生本人游览嘉兴南湖的实地场景+南湖边泡茶的场景。

高潮部分不再用小提琴伴奏轻音乐，直接用曲子《我和我的祖国》配以歌词，背景视频画面配上小孩的童声歌唱，以及在机场、广场、革命老区，大家一起合唱这首歌，挥舞着小红旗表达对祖国母亲的热爱和祝福。

（3）奉茶

在情绪渲染的高潮之后，音乐再次换回小提琴轻音乐，营造回味、意犹未尽的感觉，茶艺主泡和助泡奉茶给评委或观众。

【第三段背景旁白】

6月的南湖，游人如织，由于中共一大会议是以游客泛舟为掩护，租用游船在舱中秘密举行，原船已不可追踪，现在停靠在湖畔的是那艘船只的仿制品。即使这样，它也已经在朝阳的照耀下熠熠生辉。

秀水泱泱，红船依旧，时代变迁，精神永恒；梅花是中华民族的精神体现，也是中华五千年文化积淀的品质涵养，红船和梅花精神激励着一代又一代人无畏艰难，奋勇向前！正值中华人民共和国成立70周年之际，为祖国敬茶，祝福祖国繁荣富强！

行礼，所有人员鞠躬谢幕！

三、结合乡土题材编创

1. 茶艺文案编撰

【茶艺主题】

诗路茗香。

【茶具配置】

主泡器具选用黑色陆羽大盖碗一个、黑色陆羽小盖碗品茗杯三个，白泥水壶，器具以黑白色调营造水墨感觉，体现唐诗之路的文化气息，玻璃公道杯更显汤色。

【选用茶叶】

"浙东唐诗之路"剡溪古道嵊州的越乡龙井，其外形扁平光滑，色泽翠绿嫩黄，香气馥郁，滋味醇厚，汤色清澈明亮、叶底嫩匀成朵。

【茶席配乐及背景视频制作】

前奏《犹豫》，空灵的箫声营造李白《梦游天姥吟留别》中梦游剡溪的意境；主音乐《淡若晨风》柔和的古琴曲将观众慢慢带入到静水剡溪的如画佳境；奉茶音乐为亲和欢快的《落微》让人倍感愉悦；结束以陶笛曲《千年风雅》配合茶艺师最后的解说，让人有种意犹未尽之感。视频开始水墨山水画，诗人荡漾在竹筏上，两岸青山耸立，飘落片片茶叶（1分钟，配合开场吟诗的梦境)。唐代诗人李白、杜甫等诗人图像（40秒，开场解说词）。

行礼入座泡茶，背景视频为唐诗之路路线图（萧山、柯桥、越城、上虞、新昌嵊州、天台、临海），聚焦在嵊州，嵊州山水茶园，以及诗人们的书法和诗词，最后黑白沙画配以字幕。（一万年有多远，这万年的黄土

2019年浙江省茶艺职业技能比赛获奖作品《诗路茗香》

就在指间，一千年有多长，千年的人物尽在心田，剡溪的竹排，载过多少文人骚客……）

【作品设计思路】

天恩地惠的嵊州自古就引得文人墨客追慕寻剡，唐时，李白、杜甫等诗人和陆羽、皎然等茶圣沿着剡溪泛舟吟诵，品茗唱和，吟出了一条脍炙人口的浙东唐诗之路，也让剡溪佳茗的芬芳滋味得以传世。

作品开场主泡者女扮男装，身着汉服，在李白的诗"我欲因之梦吴越，一夜飞度镜湖月。湖月照我影，送我至剡溪"进入梦境，出现了唐代贤士沿剡溪品茗唱和的情景，梦境醒后，遥想古人的情怀，在如画卷一般的剡溪江边布下一方茶席，寄情山水，品茗论道。

茶席色彩主题为白色、墨绿色，以及过渡的青绿色，为衬托黑色主茶具，选择白色桌旗上铺，墨绿色和青绿色桌旗叠铺在下方，白色的桌旗向左延展，如同静静流淌的剡溪和长长的画卷，上边萦绕着小船和假山，墨绿色的桌旗向右延展连接至花架，代表巍峨的青山，配合花架上营造的诗人仰天品茗论赋，遥想当年的唐代诗人就是在此处写下了一首首描写剡地风光的千古诗篇。

茶圣陆羽曾"月色寒潮入剡溪"，前来考察"剡溪茶"，茶僧皎然对剡茶更是魂牵梦萦，写下了"越人遗我剡溪茗，采得金芽爨金鼎。素瓷雪色缥沫香，何似诸仙琼蕊浆。"。文士雅集的诗歌联唱，使得剡溪茶在茶文化史上熠熠生辉，诗人们品茗的灵感，也育孕了唐诗之路上中国"茶道"的理念。

大唐的风云已被时间吹散，但永远吹不散的是这条唐诗之路，以及一路上的佳茗飘香。

2. 解说词现场设计

（开场）一千多年前，李白、杜甫等诗人和陆羽、皎然等茶圣，沿着剡溪，一路追寻，泛舟吟诵，品茗论道，吟出了一条璀璨夺目的浙东唐诗路。

（赏茶）古时剡溪有茶称"大茗"。"越人遗我剡溪茗，采得金牙爨金鼎。素瓷雪色缥沫香，何似诸仙琼蕊浆。"

（泡茶）恩地惠的剡溪引得唐代名贤追慕寻剡，也孕育了剡溪佳茗的滋味芬芳。《茶经》作者陆羽曾"月色寒潮入剡溪"前来考察"剡溪茶"，留下了"剡茶声，唐已著"的记载；茶僧皎然对剡茶更是魂牵梦萦，盛赞剡溪茗，在此置草堂，隐居品茗，并在《饮茶歌诮崔石使君》一诗中首次提出了"茶道"一词。因此唐诗之路也孕育出了"茶道之源"。

（结束）"月色寒潮入剡溪，青猿叫断绿林西。昔人已逐东流去，空见年年江草齐。"大唐的风云已被时间吹散，但永远吹不散的是这条唐诗之路，以及一路上的佳茗飘香。

四、家国情怀题材编创

1. 茶艺文案编撰

【茶艺主题】

缘聚杭州茶和天下。

【选用茶叶】

正山小钟，产自福建武夷山桐木地区，是世界上最早的红茶，亦称红茶鼻祖，享誉全球，其外形条索肥实，色泽乌润，泡水后汤色红浓，香气高长带松烟香，滋味醇厚，带有桂圆香。

【选用茶具】

红釉陆羽大盖碗，配小盖碗品茗杯，经典的中国红茶具用来冲泡清饮的正山小种红茶。白瓷壶（水果元素）配带碟品茗杯一套用来调饮果茶，白瓷壶（祥云元素）配带碟品茗杯一套用来调饮奶茶，玻璃盖碗（花朵托）配品茗杯一套用来调饮花茶，玻璃壶配品茗杯一套用来调饮酒茶。

【选用音乐及背景制作】

背景音乐采用班得瑞拉钢琴曲 *Snow Dream*，耳熟能详、清新、轻松愉快的钢琴曲营造舒适的下午茶氛围。背景选用江南典型的城墙、拱形门、西湖三潭映月等制作成KT版，男女主泡身着古典中国服装（长袍和分体旗袍）从拱门亮相跨过走到主泡台前，两位身着蕾丝旗袍（奶茶与果茶）的女助泡分别从第一道江南城墙门后亮相出来，两位身着中山装的男士（酒茶与花茶）从第二道城墙门后出来。

2016 年省赛一等奖作品《缘聚杭州·茶和天下》

【创作思路】

作品高低错落设置了五桌茶席，桌旗分别采用黄、绿、蓝、黑、红代表五大洲，主泡台采用矮桌代表亚洲，茶品选用正山小种清饮，围绕主泡台，依次选用正山小种与大洋洲牛奶、非洲西柚干、欧洲玫瑰花、美洲威士忌调饮，体现茶的融合。五台看似不相连的茶席台，它们之间并非独立的，而是一个整体，在完成茶艺流程时巧妙地将其进行设计，如表演者们相相互有序的交流，如后边四桌调饮用的红茶均来自主桌，寓意主桌是茶叶起源之地等。

背景设计以古朴杭州自然风光为意境，杭州是"一带一路"倡议中的重要城市，也是G20举办地，20条光纤组成G20的合作之桥，横跨海陆，也是沟通、融合、友谊的象征。

茶，包容百味，吐故纳新，其开放、包容的属性与G20举办的主旨精神，以及"一带一路"倡议的精神如出一辙。在不同国度、不同种族、不同文化的人手中，茶呈现了无穷的可能，茶与奶，茶与花，茶与果，茶与酒，茶是人与自然的融合，是生命与生命的融合。一片茶叶，一碗茶汤，深藏陆地与海洋，那茶香里孕育着各美其美、美美与共的包容。

模块七　创新茶艺

2. 旁白解说词编撰

茶，一片古老的东方树叶，源于中国，传播于世界。自公元225年起，中国茶叶从滇藏地区经喜马拉雅山口大量行销欧亚，由此开辟了"茶马古道"及后来延伸到地中海的"海上丝绸之路"。茶，这个独具中国符号的"文化使者"就成为中国与欧亚地区进行经济贸易的重要载体。茶的传播，在最近的一百多年达到高潮，滋养了世界各地迥然有异的文化，如今，它在全球落地开花，成为一种极具东方价值观的生活方式。

杭州是"一带一路"倡议中的重要城市，也是起始点之一，丝茶文化是杭州的特色。G20的主旨是开放、透明、包容，与全世界沟通，20条光纤组成G20的合作之桥，横跨海陆，也是沟通、理解、友谊的象征。在"一带一路"的新大航海时代，东方茶邂逅法国娇艳的玫瑰，澳大利亚纯白的鲜奶，美国刚烈的威士忌，南非新鲜的水果，又会带来怎样的体验呢？

茶，是人们享受午后阳光的最好伙伴。提起下午茶，一定能想到精致的桌巾、精巧的点心、茶与奶香气氤氲，那是偷得浮生半日闲换来的美妙，午后温暖的阳光下，通过味蕾的滋润与满腹之感，让忙碌的身心得到了一丝宽慰。历史上从未种过一片茶叶的英国人，用中国舶来品创造了自己独特华美的饮茶方式，以内涵丰富、形式优雅的"英式下午茶"享誉天下。

在欧洲，水果茶已经是非常普遍的饮品，常用来取代开水、咖啡。水果茶是以各种不同的水果浓缩干燥而成，成分中含有各种不同的维他命、果酸与矿物质。水果的色彩鲜艳、味道清香、口感酸甜，给茶汤注入了青春的活力，浓郁的果香，加上冰糖饮用，可以舒缓情绪，使紧张的精神得以放松，让身心沐浴在温暖、清爽、甜美的香氛中。

花与茶都离不开土壤、阳光和雨露，都是心血与汗水培育之物。花，热烈、外向，美得极致，在短短的时间绽放生命的绚丽，无怨无悔。茶，内敛，深厚，历久弥新，在岁月里渐渐地释放它的韵味与风神。当小种红茶和玫瑰花碰撞在一起，成就的是中国古典文化与西方浪漫主义的完美结合。

茶酒文化源远流长，茶，含蓄内敛，酒，热情奔放，茶和酒代表的是东西方不同的文化，代表了品味生命、解读世界的两种不同方式。中国主张和而不同，欧洲主张多元一体，实则是不同文化背景下衍生的同一概念，茶和酒是可以兼容的，既可以酒逢知己千杯少，也可以品茶品味品人生。茶酒调饮，成就了东西方传统饮品中最精妙的契合。

茶，这个逐渐被世界所熟知的中国文化符号，在所有适宜的土地上，它都找到了家。茶是包容的，在不同国度、不同种族、不同文化的人手中，呈现了无穷无尽的可能。茶与奶，茶与花，茶与果，茶与酒，茶是人与自然的融合，是生命与生命的融合。

茶，包容百味，吐故纳新；茶，兼容并蓄，包罗万象。一片茶叶，一碗茶汤，深藏陆地与海洋，那茶香里孕育着各美其美、美美与共的包容，也是中华文化所倡导的海纳百川的完美体现。

课题七　经典茶艺赏析

经典茶艺，是指当代原创性、奠基性的，并且经过一定时间的传播得到公认的优秀茶艺表演作品。经典茶艺不是一种"类"的概括，而是从创作开始到作品完成，再到作品的流传过程的完整考察和其历时性的价值认定。任何一种类型的茶艺，都可以成为经典，任何一种类型的茶艺，也可能缺乏经典。

一、经典茶艺特征

1. 创作的经典性

经典茶艺必然是原创的，在创作之时有思想的深刻性、思维的前瞻性，有丰厚的文化积淀与内涵。现在所能看到经典茶艺，从内容来说大多是传统文化展现，地域文化特征非常明显。这些经典茶艺的编创，大多有深入挖掘历史文化传统，并且对其进行再加工，进行深刻的思考和艺术的提炼，融汇现代的思维和语汇，成为传统与现代情景交融的原创性创作。

2. 表现的经典性

茶艺作为艺术形式之一，必然要从艺术表现和艺术价值来进行评判。经典茶艺应该有经典性的表现，也就是代表性的表现方式与范式。"方式"是指言行所采用的方法和形式，茶艺方式则指茶艺表演的一系列相关器物和相关语言动作的方法与形式。"范式"则是高于方式的哲学概念，借用到茶艺范式中，是指茶艺一定程度内具有的公认性，由基本规律、理论、应用及相关元素构成的整体，为编创提供可模仿的成功先例。

3. 传播的经典性

经典茶艺传播的经典性体现为编创的茶艺广泛散布，并非经久不衰。具体表现：一是传播时间的长期性，即不是轰动一时，而是弥久醇香；二是传播的方式，即从一个创作的中心向周边扩散；三是传播的范围突破狭小的地域，有广泛的区域，甚至远及海内外；四是传播的能力，是否能够有思想的启迪和艺术的启发，使之成为茶艺界乃至社会的共知与共享。

二、《工夫茶·两岸情》茶艺赏析

1. 茶品选用

作品共选用茶品三种。左侧主泡部分使用武夷山岩茶名品的代表大红袍，其品质特征馥郁隽永，岩韵悠长，代表祖国母亲；三位副泡选用安溪铁观音，音韵隽永清雅悠长，令人回味无穷。舞台右侧主泡则选用台茶之圣冻顶乌龙，其汤色清亮，香气高、清、雅。并且冻顶乌龙种质源于武夷山水间，呼应两岸同根同族的主题立意。铁观音的清芬雅韵、大红袍的馥郁隽永、冻顶乌龙的甘厚浓醇，在一时间交融，两岸之情由茶而生，茶又因为此情此景而分外香醇、美妙。台湾游子最终向大陆母亲缓缓走来，饱含深情，母子间互奉佳茗、举杯对饮、合家团聚，表达了我们对祖国早日统一的美好期许。

2. 茶席设计

茶席分为两个部分，两位主泡分别代表身处武夷山脉的大陆母亲与身处台湾的游子，大陆母亲身后的三位副泡是以安溪为代表的祖国大陆。台湾部分茶席选用的茶桌为台湾岛轮廓剪裁，上标茶区、名山。两台主泡席均选用矮桌，以营造高低错落的整体舞台效果。主泡茶席选用湛蓝色布，桌布中央放置三只木制帆船模型，呼应余光中先生《乡愁》一诗中"窄窄的船票"与"浅浅的海峡"，更寓意两岸舟楫往返、生生不息。在茶具的选用方面，大陆主泡茶具选用哑光白瓷，绘有水墨晕染山水，寓意武夷山山清水秀祖国地域广博；台湾高山乌龙以高香著称，最宜双杯泡法，因此选用的哑光白瓷闻香杯、品茗杯与大陆遥相呼应；副泡则以中国红桌旗与白瓷木托相衬，取吉祥之意，寄托无限期望。

台湾茶席与茶具

2014 年全国大学生茶艺技能比赛团体一等奖作品《工夫茶·两岸情》

3. 背景音乐编创

主题茶艺选用的创意为近现代题材，所以音乐选择也以新世纪音乐风格为主，多首曲目剪辑成型。新世纪音乐不同于一般轻音乐，它更注重思想性与原创性。为点明主题，选择以潮汐涨落之音配合《乡愁》的朗诵片段作为开场。第一部分、第二部分选用日本神思者组合的 Wish，乐曲风格大气，小提琴舒缓的旋律加上人声的吟唱，带上了宁静忧伤的韵味。第三部分是先抑后扬的预设中最重要的一部分，前两部分的铺垫蓄势已久，如何将主题宣扬开来至关重要。因此，创编者选择了钢琴版《鼓浪屿之波》，此曲有很强的辨识度与代表性，无需任何解释，就能使观众明白风格斗转，主题升华。正确地选择音乐来表达主题，宛如画龙点睛。如果音乐选择不当，观众不明所以，即使音乐转换也依然平铺直叙，便无法唤起观众的共鸣，起不到转场的作用，那么意境营造上必然是失败的。

4. 服饰设计

大陆与台湾的服装与配饰选择上有所不同，代表大陆的表演者身着中式上衣和下裙，图案颜色清雅，以淡蓝、淡绿、白色为主色调，绘有山水，寓意祖国山清水秀；头饰以点点珍珠相连，寓意台湾是祖国不可缺少的海上明珠，呼应解说词中"珍珠初醒，滨海茫茫"中奉茶、大陆台湾重聚两个环节；台湾男生主泡也身着中式服装，以素色为主色调，突出游子的儒雅稳重，与《乡愁》一诗所描绘的意境呼应。同时，男主泡以竹骨纸扇为道具出场，呼应解说词中寓意思念故土的《南乡子》一诗，体现游子思乡之深、渴望回归之切。

5. 背景展示

作品主背景采用幻灯片放映形式，以水墨画风格开篇，山水之中几只小船缓缓驶出，从标题"工夫茶"驶向"两岸情"。背景图多选用武夷山、福建安溪、台湾茶乡山水风光与茶席设计的图片，以及表达游子期盼回归的相关图片，最终上升到两岸茶香汇成一处，向心力永存的高度。背景图一张张变换的放映形式，使解说词得以全部呈现于幕上，可加深观众与评委的印象与理解，将观众与评委迅速带入到情景之中，引发阅读共鸣。

6. 解说词编创

茶艺作品解说词以散文的形式来撰写，欲扬先抑，抑扬顿挫。其主体可划分为三个部分：一是入场到洗杯，游子带着思乡的惆怅入场，站在台湾岛狭长的海岸线边静静凝望，在茶具的拿起放下与水汽薄雾之中，这份感情发酵得更加浓烈，在悬壶高冲之际达到高潮；二是斟茶奉茶，嗅到来自大陆的茶香，让他思乡的心绪在达到顶点之后慢慢平静下来，祖辈们薪火相传、生生不息的茶缘让这些痛彻的思念变得渺小，这份情感也从浓烈激昂变得深沉；三是表达我们美好的祝愿，使用同一种语言、书写同一种文字的我们相信，终有一日，华夏九州会与冻顶茶香汇成一处，千秋烟祀，万古长青。

（序）乡愁

小时候，

乡愁是一枚小小的邮票，

我在这头，

母亲在那头。

而现在，

乡愁是一湾浅浅的海峡，

我在这头，

大陆在那头。

（出场）十八根竹骨旋开成一把素扇，那清瘦的闽人用浑圆的字体，录一阕《南乡子》，朱子所填。那落款的日期，是寅年的立秋，而今历书却说，小雪已过了，台湾却依旧下着细雨，吹着萧萧的风。挥着扇子，问风，从何处吹来？从大陆的海岛尽头，还是谁的故乡？君问归期，布谷青鸟催过了多少遍，海峡却依旧寂寞着未有答案。

（侍茶）这是让他魂牵梦萦的那片土地，我们血脉相承，法缘相循，同根同族，茶犹如此。冻顶乌龙被称为台茶之圣，其种质溯源于福建武夷山；而同样源于山水间的大红袍，古朴淳厚，品质优良，为不可多得之精品。

（烫杯）滚烫热泪涤去素杯凡尘，而残山剩水犹如是，皇天后土犹如是，纭纭黔首纷纷黎民从北到南犹如是。那里面是中国吗？那里面当然还是中国。只是杏花春雨已不在，牧童遥指已不在，剑门细雨渭城轻尘也都已不在。

（赏茶）作为北苑贡茶基地的武夷山脉与秀丽的冻顶山隔着一道海峡遥遥相对，犹如我们的茶席一样，海峡两岸一衣带水，不分不离。福建武夷山大红袍馥郁隽永，如母亲一般胸怀宽广，一泡心宁；冻顶乌龙奇香清雅，沁人心脾。他们在两山之上遥相呼应，唱不尽亲情脉脉，骨肉情长。

（温润泡）于是，他们叫这一片海为中国海，世上再没有另一个海有这样美丽沉郁的名字。而现在，素瓷生烟，他隔着水汽薄雾静静凝视。一个中国人站在中国海的沙滩上遥望中国，身畔身后，皆是故土。

（冲泡）注流汲水，悬壶高冲。心潮涌动，云起如翼。乡愁如黄昏之暮霭，挥之不散，愈积愈浓。伸手触及，沾湿掌心和霜发。

（洗杯）山峦蜿蜒重叠，如美人肩。铁观音原产于福建安溪西坪，叶起白霜，兰香皓齿，音韵隽永，犹如我们的三位姑娘，只言这大陆山中翘首企盼的款款茶香。

曾在马山看对岸的岛屿，曾在湖井头看对岸的何厝。望着那一带山峦，望着那曾使东方人骄傲了几千年的故土，心灵便脆薄得不堪一声海涛、一声鸥鸣。那时候，便忍不住想到自己为什么不是一只候鸟，可以在每个莺飞草长的春天回到旧日的大陆；又恨自己不是这手中杯盏，物有所归，源有所属，权权赤子之心可以尽数倾撒于水盂归所之中。

（斟茶）玉液满，清盏滑，水声轻快泠泠，麀踏浪花舞。然则，他日思夜梦的那片土地，究竟在哪里呢？只有一百二十四海里。可一百二十四海里又有多远，就算再远，也抵不过银河的迢遥啊！

（奉茶）珍珠初醒，滨海茫茫，微凉清风送来阵阵盈袖兰香，它植根于那古老的大陆，那所有母亲的母亲，所有父亲的父亲，所有祖先的摇篮。

历史上的源流与分隔，让茶文化在台湾的土地上生根发芽。家里的老人常说，真正当泡茶喝的，是清朝引进的武夷和乌龙茶种。台湾先民饮水思源，供奉茶郊妈祖祈求平安，所以，今日我们才能在此用工夫茶来继承先人的血液与根脉，万世不朽不散。

（敬茶）（鼓浪屿之波音乐起）海水在远处澎湃，海水在近处澎湃。五千年薪火相传，千百年来闽台两地的先辈们舟楫往返，生生不息。那些所有的所有都超越了游子超载的乡愁，超越了那份日日夜夜难以抹去的茕独。

历史潮流如海峡之水潺潺向前，思乡之水的波浪送来冻顶乌龙的一缕缕茶香。无论神州也好，中国也好，变来变去，只要仓颉的灵感不灭，美丽的中文不老，袅袅的茶香不散，大陆仍然翘首企盼，那磁石般的向心力当必然长在。

（致谢）如露如泉透清风，似梦似镜遐迩迷。大陆两端睥睨伸展的唇脚依旧轩昂，宗祠庙宇门楣上的桃木剑依旧崭新，终有一日，大河南北、华夏九州终将与冻顶茶香汇成一处，千秋烟祀，万古长青！

7. 艺术特色分享

（1）解说词优美、现场解说情绪饱满具有渲染力。讲述海峡两岸的茶艺作品并不少，但是这个绝对属于精品，通过散文诗歌解说词现场解说，视频配以图片和解说字幕，解说员现场背对视频一字不差饱满情绪的解说，抑扬顿挫，配合几段音乐剪辑而成，牢牢地把控住观众的情绪，想表达的内容自然而然也能与观众产生共鸣。

（2）茶席设计具有创新性。在表演过程中，大陆主泡茶席台与台湾主泡茶席台通过一款淡蓝的桌布，并缝上波光粼粼的亮片、几艘船只连接起来，福建、台湾隔海相望的场景立马形象生动起来，同时宝岛台湾茶席非常有特色，为台湾岛轮廓剪裁的地图，地图上勾勒着台湾几大茶山、茶区。

（3）编创细节回味。讲述海峡两岸茶情的创新茶艺并非第一次出现，是一个传统的茶艺主题节目，像命题作文一样，如何能做的与众不同？这时候细节和编创的功力则是体现作品层次的重要一面。该作品场面大气势恢宏，五人一起冲泡，表演者训练有素，有节奏有停顿，动作整齐划一，桌子高低错落，有坐着泡茶，也有站立泡茶，有代表性大陆这一方区域为四个女生（一个主泡，三个助泡），代表台湾宝岛的一个男生主泡。也有细节的处理，比如奉完茶主泡回到舞台，主泡互相敬茶，象征台湾与大陆的交融，这样的编创才能使得主题升华，不然奉茶结束后整个节目就非常平淡无味了。

主泡相互敬茶

三、《忆古茶馆》茶艺赏析

1. 茶品选用

作品选用柑普茶，由于作品陈述的是整个中国茶历史，厚重而有内涵，适合选择一款有岁月味道的茶，黑茶具有岁月的陈香与醇厚，自然是再合适不过，由于作品讲述的是一个当代大学生走入茶馆，茶馆的茶艺师在给她推荐茶品的时候，结合其年龄特点，以及近年来流行的茶品，给其推荐了柑普茶，也比较符合故事情节。

2. 茶艺舞台呈现

（1）茶席设计，作品选用藏蓝色的桌布，上边铺以孔雀蓝的桌旗，桌旗上摆放藏青的陆羽大盖碗配饰陆羽小盖碗品茗杯，整个色系用得比较沉稳，符合所泡茶类及主题，营造的茶馆雅间的格调。

（2）背景音乐，由于整个作品讲述的是平稳的茶史，用的自然是带古风的古琴、古筝、琵琶这一类为好，不适合曲调起伏太大，平稳为好，选择了《故梦》这首琵琶曲，翻开历史的扉页，一个朝代一个朝代的茶事慢慢诉说。

（3）服饰设计，作品一共六个人，茶馆主泡茶艺师，助泡茶艺师，一个大学生客人，画框里扮演明代文人、宋代女词人、唐代侍女共计六人，每个朝代的衣服要其特色，色系上尽量协同，都以青色为主色调，或淡或深。大学生客人身着简约白色棉麻服装即可，主泡茶艺师是核心主位，服装稍微浓重一点，中式立领白色旗袍配欧根纱外披。

（4）背景展示，在无LED灯光的情况下，主背景由白色江南青瓦墙及一个新中式优雅的茶馆包厢共两块KT板构成，KT板呈不对称V字型打开，连接断开之处通过一个仿古花架进行衔接过渡，背景正好通过投影打上字幕"忆古茶馆"，白色青瓦墙前摆放三个铁艺框架，营造画框的感觉，另外也更加凸显画框里的人物画，画框里摆放定制好的桌子，唐代席地而泡、宋代跪泡、明代坐泡，营造高低错落感。中国古代茶历史中重要的人物，神农尝百草最早发现利用茶，第一幅画选择了一幅神农尝百草的画像挂立着，配合后边三幅画框里的人物画，这样虚实相映，使得欣赏着能够很快理解后边的人物画框其实是一幅茶画。

①茶馆包厢 KT 板
②茶馆包厢茶席
③茶馆走道墙壁挂的"茶画"
④2018 年浙江高职茶艺比赛获奖作品《闲对茶
　史忆古人，慢煮光阴一盏茶》
⑤2019 年国赛优秀作品（改编为四人）

3. 茶艺表演编排

作品讲述了一位大学生误闯入一家茶馆名为"忆古"，在茶馆服务员的引导下，无意看到茶馆文化展示墙上中国古代几幅茶画，唐代煎茶、宋代点茶、明代泡茶，惟妙惟肖的茶画让他产生了浓厚的兴趣的故事。在茶艺师泡茶的过程中，他边看茶文化史的书籍边欣赏茶画，在品茶看书的过程中，学习了中国古代茶叶发展史，回望古人喝茶品茗的情景。

助泡茶艺师：您好，先生，欢迎来到忆古茶馆，请问有预订吗，（摇头），那您请随我来！

客人走过茶馆的过道，对墙上的几幅茶画产生了浓烈的兴趣，茶艺师给客人介绍起来：

先生，这面墙上挂的是关于中国茶史的几幅画，这幅画的是茶的起源，神农尝百草。这幅画的是唐代煎茶法、这幅画的是宋代点茶法；这幅画的是明代撮泡法。

先生，请问今天有什么想喝的茶品吗，（摇头），那我给您推荐一款茶馆最近主推的一款茶品——柑普茶，您随着这边来，进包厢。

主泡茶艺师：您好，今天由我来给您冲泡一道有历史味道的柑普茶。

助泡茶艺师见客人对中国茶历史感兴趣，拿来茶馆书柜上的一本讲述中国茶史的书，示意可以边看书边品茶。主泡茶艺师开始泡茶，解说开始：

翻开书的第一章便是茶的起源，相传神农氏是最早发现和利用茶的人，《神农本草经》记载："神农尝百草，日遇七十二毒，得茶而解之。"神农为给百姓治病，不惜亲身验证草木药性，一日遇七十二毒，正值生命垂危之际，有几片鲜嫩的树叶冉冉落下，神农信手拾起，放入口中嚼而食之，顿觉浑身舒畅，诸毒豁然而解，就这样，神农发现了茶。

当茶史讲述到唐代时，画框里原本定格的唐代仕女画像开始演绎唐代的煮茶法，碾罗成末，候汤初沸投末，加盐环搅，分茶汤……

书的第二章——茶业的发展。茶业的兴起在唐朝，社会条件的完善为饮茶的普及奠定了良好的基础，唐朝皇室对茶的需求量逐渐扩大，并建立贡茶制。"凤辇寻春半醉回，仙娥进水御帘开。牡丹花笑金钿动，传秦吴兴紫笋来。"诗人张文规生动描述了紫笋茶进贡时的情景。

煎茶道,是唐朝最负盛名的饮茶方式。煎茶所用茶品为饼茶,其茶主要用饼茶,经炙烤、碾罗成末,候汤初沸投末,加盐并加以环搅、三沸则止。分茶最适宜的是头三碗,饮茶趁热,及时洁器。

茶事千年,著有《茶经》。茶圣陆羽所撰的世界第一部茶书,构筑了一个气度恢宏、体系完备的茶文化体系。陆羽以精湛的茶艺、丰富的理论思维,极大推动了茶饮风习的普及和饮茶艺术化过程,使唐代成为中华茶文化发展史上的第一个高峰。

画框里演绎宋代女词人(以李清照为型)点茶的步骤,置茶粉,汤瓶注水调膏,茶筅击拂,点出茶沫……

茶兴于唐而盛于宋,宋朝是中华民族古代经济文化的鼎盛时期,茶业重心随着经济重心南移,饮茶的普及还使斗茶之风盛行,茶书、茶诗词、茶书画等茶文化作品无数。

中国历代讲究茶艺者,以宋为盛。宋人都喜好饮茶,而文人雅士更好比较茶的好坏和泡茶的技术,号称"斗茶"。斗茶必须精于茶理,将团饼茶碾成茶末,用茶箩筛选出颗粒较细的茶末,再放到茶盏里注水,用特制的茶筅击拂,点出的茶沫以鲜白、细腻、厚实为佳。宋人点茶,对茶末质量、水质、火候、茶具都非常讲究。生长于书香门第的李清照则惯于此戏,她在鹧鸪天词云「酒阑更喜团茶苦」,在转调满庭芳词云「当年曾胜赏,生香熏袖,活火分茶」,表现了李清照在茶艺方面的造诣。

宋人饮茶,目的不在解渴,而是一种怡情养性的艺术活动,简短的茶词与茶诗是宋代文人精神风貌的写照,浸润着宋代文人的人格理想,在一具一壶、一品一饮中寻找自己平朴、自然、神逸、崇定的境界。

明代文人雅士以一把扇子定格站立在画框边,当茶史讲述到明代时,收扇入座进行紫砂壶泡饮茶的演示……

明代茶道继承了唐宋茶道的饮茶修道思想,兴泡茶道,以撮泡法饮茶。明代文人张源在《茶录》中写道:"投茶有序,毋失其宜。先茶后汤,曰下投。汤半下茶,复以汤满,曰中投。先汤后茶,曰上投。"这是历史上最早关于茶叶投茶方法的描述,泡茶这件事在文人手中被推向极致。无论对名茶的品评鉴赏、制茶泡茶的技巧、茶具的设计制作等方面，无不精益求精。

明代走向精致化的文人茶艺，又称为茶寮文化。茶寮，为明代茶人所独创的小室，幽静清雅的茶寮是文人生活的重要场合之一，尤其是士大夫阶层中带有隐逸倾向的人士，他们轻视声色犬马，不热衷功名利禄，具有很高的文化素养，琴棋书画、焚香博古等活动均与饮茶联系在一起。

书声琴韵，茶烟隐隐起于山林竹外，尽现明人的高流隐逸、品茶方式的至精至美。

奉茶（主泡茶艺师、助泡茶艺师）：

一千多年来，东方人在一碗茶汤中，感悟生命的真谛，唐朝人煎茶，宋朝人点茶，明朝人一改吃茶的传统，品味到茶叶泡水的清香。岁月酿成了茶的味道，茶散发出灵魂的清香，让我们一同饮下这杯带着岁月味道的茶，喝下这历史长河遗留给我们的财富与智慧。（所有画像一同饮下茶汤的画面定格）

结束。（客人手拿茶杯，再次走到一幅幅的茶画面前，感慨中华茶文化的博大精深！）

人生如茶，茶如人生；万物皆茶，皆能品出人生的况味。在一杯茶面前，所有红尘纷扰，人世繁华，不过是眼前的水雾，氤氲而后消散。对喜欢茶的人来说，茶意味着生活，无论是自己修心冥想、夜雨寄北还是和朋友促膝长谈、秉烛夜话，茶都是最佳的选择，它温润着我们的心田，滋养着我们的生活。在人生前行的道路上，走累了，不妨适时的停歇下来，啜一杯茶，谈一席话，再出发！

4. 作品艺术特色分享

（1）编创手法的创新，通过巧妙的故事情节，回顾茶历史这条主线，将古代茶文化与当今茶文化相结合，避免了寻找古代茶艺器具及编创的烦琐，通过核心简单的步骤演绎唐宋明清茶艺。选用画框的表达方式，通过一动几静的方式去表达，一个画框是一幅画，当解说词茶史陈述到该朝代的饮茶方式时，该朝代的人物开始进行演绎，其他时候则是静止的唯美雕像，真就像一幅画。核心台位还是现代茶馆，为避免穿越和场地混乱，奉茶给评委的选择的是茶馆里茶艺师冲泡的柑普。

（2）茶品的选择别具匠心，茶品的确定最好能深刻的反映主题，才能显现出主题也是围绕着茶这个核心要素的，作品选择柑普茶即符合整个主题，带有历史文化的厚重与岁月的痕迹，主题和茶品一样是有厚度的，又选择迎合年轻茶客——大学生的口感的需求，他们大多喜欢丰富口感的茶品。

（3）舞台设计具有美感，首先，画框选择铁艺框，很多门店橱窗用来挂衣服的，既考虑道具的制作与来源，又具有简约美；既有现代感，又带有中式风；其次，背景板的制作，非常的干净简约且有意境，同时也凸显了人物，两个不同场景之处选择仿古花架进行过渡，起到衔接的作用；最后，表演者服装的呼应，这种呼应体现在衣服的色泽上，主体都以青色为主，如明代文人选择的是鹅蛋青长袍，宋代选择的是棉麻带有素雅花朵的青色棉麻上衣加白色棉麻襦裙，唐代选择青色齐胸襦裙配外披纱巾，助泡茶艺师也选择的是青色的改良中式旗袍工作服，这样用色上协调有序。

模块八

茶|说|家|演|讲

中国茶叶，美了环境、兴了经济、富了百姓。中国是茶的故乡。茶叶深深融入中国人生活，成为传承中华文化的重要载体。2017年1月，中共中央办公厅、国务院办公厅印发了《关于实施中华优秀传统文化传承发展工程的意见》，要求"围绕立德树人根本任务，把中华优秀传统文化贯穿国民教育始终。全方位融入思想道德教育、文化知识教育、艺术体育教育、社会实践教育各环节，文以载道、以文化人。到2025年，基本形成中华优秀传统文化传承发展体系，增强国家认同、民族认同、文化认同。"2019年11月，联合国大会"以赞美茶叶的经济、社会和文化价值，促进全球农业的可持续发展"，宣布每年5月21日为"国际茶日"，有助于我国同各国茶文化的交融互鉴，茶产业的协同发展，共同维护茶农利益。积极组织茶说家演讲大赛，是"讲好中国故事、传播好中国声音、阐释好中国特色、展示好中国形象"有力措施，是"以茶育德、以文化人"培养新时代"四有爱茶人"重要内容。

课题一 茶说家演讲要旨

中华茶奥会源于全国武林斗茶大会，是我国首个以茶为主题的奥林匹克盛会，以赛、品、论、展等形式展呈纷繁茶事，是"一带一路"倡议下茶产业转型升级的重要组成部分。茶奥会作为一个平台，使得与茶叶关联的各方在产、学、研、政、销之间形成互动、交集和高效的传播通道。2017年11月24日—26日，第四届中华茶奥会于杭州茶都名园举行，为了规范茶奥会规则，丰富茶奥会内容，本届茶奥会设计了十个赛事，茶说家演讲大赛首次出现于茶奥会，以便更好讲好中国茶故事，传播中国茶文化。参赛选手围绕"茶科技·茶健康·茶产业"拥抱"一带一路"的大背景，结合自身或单位情况，作10~15分钟演讲竞赛，参赛分报名制与邀请制结合，分现场嘉宾投票及评委组评分两个环节。2019年11月7日—9日，第六届中华茶奥会茶说家演讲大赛在杭州龙坞茶镇举行，具体内容如下。

一、大赛目的和主题

茶说家演讲大赛，主要是选育与考核选手结合自身情况，讲好中国茶故事演讲技艺和为时代赋能人文精神向心力；同时为现代茶产业培养茶营销人才。大赛主题分别为"茶与美好生活、茶与乡村振兴、茶与'一带一路'、茶与创新创业"。竞赛时，参赛选手从四个主题选择一个，于大赛前半天将竞赛相关材料如主题、背景视频等提交给赛事组织委员会，以备参赛。

二、竞赛内容和流程

1. 茶说家演讲竞赛

参赛选手选择既定的"茶与美好生活""茶与乡村振兴""茶与'一带一路'""茶与创新创业"四个主题中的一个进行6~8分钟脱稿演讲，占总分80%，演讲完成后进行2分钟裁判提问回答环节（提问不超过3个），占总分20%。

2. 教师教学技能竞赛

选手在递交报名表同时递交茶艺、茶叶审评、茶书分享或茶事教案为主题的教学大纲、三个不同类型的完整教案与10分钟教学视频，以上内容占总分的60%；比赛现场脱稿演讲茶艺、茶叶审评、茶书分享或茶事教案为主题的教学内容8~10分钟（演讲内容与递交的10分钟教学视频内容不能重复），现场演讲内容占总分的40%。

3. 小茶人风采展示竞赛

参赛选手现场进行3~5分钟的茶诗或涉茶类诗歌脱稿朗诵，以上内容占总分的70%；朗诵完进行2~3分钟才艺表演（可包括舞蹈、歌曲、乐器、书画等个人才艺展示），以上内容占总分的30%。

竞赛操作流程：结合自身选择主题→（提前半天）提交参赛背景视频→抽签确定竞赛顺序→规定时间演讲→现场回答裁判提问→行礼结束竞赛。

三、参赛对象和要求

1. 参赛对象

赛项为个人赛，分教师教学技能竞赛、茶说家演讲竞赛与小茶人风采展示竞赛。其参赛对象分别为：教师教学技能竞赛含中小学教师（含中职）、大学教师（含高职）与社会培训机构；茶说家演讲竞赛分社会组与学生组；小茶人风采展示竞赛分小茶人组（幼儿园至小学四年级年龄段）与小学士组（五年级至中学年龄段）。

2. 参赛要求

参赛选手凭参赛证进入赛场，不得弄虚作假，否则将取消其竞赛资格、取消其竞赛成绩，收回获奖证书；参赛选手提前30分钟到达比赛现场报道，报到时应持本人身份证和学生证（学生组），佩戴大赛组委会签发的参赛证。比赛期间，参赛选手必须严格遵守赛场纪律，除携带竞赛所需自备用具外，其他一律不得带入竞赛现场；接受裁判员的监督和警示，有作弊或弄虚作假情况，裁判长有权终止选手竞赛。

课题二 茶说家演讲实操

一、演讲主题内涵

1.茶与美好生活

茶是一种生活，茶是一种精神，茶是一种文化。茶业从业者们要深度挖掘茶的内涵，才能创造更多的价值，让茶产品成为美好生活的必需品。茶可以从健康、精神、文化，甚至社会等层面满足人们对美好生活的需求。以新发展理念为统领，以构建现代茶产业体系，充分挖掘茶和茶文化的价值，从而发掘茶和茶文化的价值，运用科技做长做深做强产业链，做好"茶与美好生活"。我国茶叶总产量与农业产值继续增长，产品质量持续向好，内销市场增幅加快，出口创下新高。但是与人民对美好茶生活的新需求、新向往相比，同样存在着发展不充分、不平衡的问题，茶和茶文化的发展依然任重而道远。

2.茶与乡村振兴

实施乡村振兴战略，是党的十九大作出的重大决策部署，是决胜全面建成小康社会、全面建设社会主义现代化国家的重大历史任务，是新时代做好"三农"工作的总抓手。一片叶子成就了一个产业，富裕了一方百姓。茶叶，带给田园乡村的不仅仅是产业的振兴、
人才的汇聚、文化的碰撞，还在其绿色生态发展进程中，真正实现了百姓富、生态美的统一，可以说"这张绿叶"的健康发展，使更多的乡村既有"绿水青山"的颜值，又有"金山银山"的内涵。以茶叶绿色崛起，助推乡村振兴发展，带领村民脱贫致富奔小康。抓住机遇，实现茶区"茶业兴旺、生态宜居、乡风文明、治理有效、生活富裕"的新景象。

3. 茶与"一带一路"

中国是茶叶的故乡。目前正在践行的"一带一路"倡议，是复兴中华茶文化、振兴中国茶产业，建设中国茶业强国的新的历史机遇，是中国茶和茶文化走向世界的大舞台。茶和茶文化已成为连接"一带一路"沿线国家和地区的桥梁和纽带。中华茶文化凝聚了中华民族"天人合一""和而不同"的"和"文化精髓，是增信释疑、和谐共处的特殊润滑剂，是传播中华文化、互鉴交流、增进和平友谊的特别使者。"走出去"，不是简单地把茶产品卖到国外去，而应当秉承"和平合作、开放包容、互学互鉴、互利共赢"的丝路精神，致力于世界茶文化"各美其美、美美与共"的理念，为共享共建"茶和天下"共同体而奋斗。

4. 茶与创新创业

科技是第一生产力，创新是一个民族的灵魂。时值"一带一路"历史机遇和大众创业，万众创新的发展机遇。掀起"大众创业""草根创业"的新浪潮，形成"万众创新""人人创新"的新势态，让国人在创造物质财富的过程中同时实现精神追求。茶是创新创业的一种重要载体，对于大学生创业来说，将茶产业链融入其中，将为大学生创新精神的实际普及，乃至创业项目的实质性普及提供本质性支撑。大众创业、万众创新的根本目标就是要给人民群众创造出满足人生需求、实现人生价值的发展渠道，让自主发展的精神在人民当中蔚然成风，让社会的每一个细胞都

保持着不断追求卓越的积极心态和精神风貌。互联网+茶，引领茶行业"创"出茶未来，构建基于茶产业链优势的大学生创新创业互融体系。

二、茶说家演讲评分

1. 演讲内容（45 分）

契合主题、论点明确、健康向上（15 分）；观点新颖、内容生动、思想深刻（15 分）；结构合理、逻辑清晰、阐述得当（15 分）。

项目	分值	评分标准	扣分细则
演讲内容（45 分）	15	契合主题、论点明确、健康向上	（1）主题契合度不够，扣 3 分 （2）论点不明确，扣 2 分 （3）主题立意不高，扣 2 分 （4）其他因素酌情扣 1~2 分
	15	观点新颖、内容生动、思想深刻	（1）故事欠生动，扣 2 分 （2）观点欠新颖，扣 2 分 （3）思想不深邃，扣 2 分 （4）其他因素酌情扣 1~2 分
	15	结构合理、逻辑清晰、阐述得当	（1）结构欠合理，扣 2 分 （2）逻辑较混乱，扣 2 分 （3）阐述不聚焦，扣 2 分 （4）其他因素酌情扣 1~2 分

2. 演讲技巧（40 分）

脱稿演讲、熟练流畅（10 分）；普通话标准（5 分）；口齿清晰、语速得当（10 分）；感情丰富、有感染力（10 分）；姿态优雅、动作适度（5 分）。

项目	分值	评分标准	扣分细则
演讲技巧（40 分）	10	脱稿演讲、熟练流畅	（1）不脱稿，扣 2 分 （2）欠熟练、流畅、扣 2 分 （3）忘词停顿，扣 2 分
	5	普通话标准	（1）地方音浓，扣 1 分 （2）发音不准，扣 1 分 （3）发音有错，扣 1 分

项目	分值	评分标准	扣分细则
	10	口齿清晰、语速得当	（1）口齿不清，扣2分 （2）语速过快，扣2分 （3）语速过慢，扣2分
	10	感情丰富、有感染力	（1）感情缺乏，扣2分 （2）感情欠丰富，扣1分 （3）感染力不足，扣2分
	5	姿态优雅、动作适度	（1）姿态欠雅，扣1分 （2）动作不适，扣1分 （3）过于紧张，扣1分

3. 整体印象（10分）

仪表端庄、衣着整洁、精神饱满。

项目	分值	评分标准	扣分细则
整体印象 （10分）	5	仪表端庄	（1）妆容不当，扣1分 （2）缺乏端庄，扣1分 （3）其他因素酌情扣1分
	2	衣着整洁	（1）衣着随意，扣1分 （2）衣衫不整，扣1分
	3	精神饱满	（1）无精打采，扣2分 （2）神态欠饱满，扣1分

4. 演讲时间（5分）

演讲时间控制得当。

项目	分值	评分标准	扣分细则
演讲时间 （5分）	5	时间控制得当 （6~8分钟）	（1）超时在10~59秒，扣1分 （2）超时60~90秒，扣2分 （3）超时在90秒以上，扣5分 （4）时间不足，做对应扣分
备注：如遇停电等突发事故，非选手因素引起的时间不足或超时不扣分			

三、茶说家演讲指导

（一）选题与撰稿指导

1. 结合自己实际情况选择合适主题

（1）茶与美好生活（讲故事、适当艺术化）；

（2）茶与乡村振兴（了解乡村、亲眼所见）；

（3）茶与"一带一路"（文化传播、亲身更好）；

（4）茶与创新创业（自身经历、故事真实）。

2. 结合自己实际情况进行构思题材

（1）茶与美好生活（艺术化的故事）；

（2）茶与乡村振兴（亲眼所见乡村）；

（3）茶与"一带一路"（亲历文化传播）；

（4）茶与创新创业（自己创业故事）。

3. 结合自己实际情况撰写讲稿

（1）契合主题、论点明确、健康向上；

（2）观点新颖、内容生动、思想深刻；

（3）结构合理、逻辑清晰、阐述得当。

4. 演讲稿修改（演讲时间 6~8 分钟）

在演讲中每分钟100字左右，否则语速过快，很难有感染力和生动性，因此，茶说家演讲稿字数800字左右。演讲稿通常三段，最多不要超过四段；引入主题，讲述故事（1~2段），点题呼应。（参考：通常《新闻联播》中主持人125字/分钟）

（二）演讲训练与参赛指导

（1）研读比赛规则，脱稿演讲、熟练流畅；（尽量）普通话；口齿清晰、语速得当；感情丰富、有感染力；姿态优雅、动作适度。

（2）演讲准备，熟悉讲稿，转换成自己口吻语言；尽量用普通话，个别发音不准的字调换一下；朗诵训练时，脑子中尽量要有相对应的画面感，为后期制作配套的PPT或视频做准备。演讲时可以搭配背景音乐、PPT或视频。这个比较重要，但不是最重要！

（3）演讲技巧，演讲时，声情并茂，引人入胜，让自己先感到，才能让评委感动；根据自己性格和演讲主题，适当设计几个呈现心态与情感的手势动作和优雅姿势，或许可以取得更好的演讲效果。课件或视频要与演讲主题相匹配，作为演讲内容的佐证和内容丰富，尽量同演讲内容保持同步。

（4）问题回答，演讲结束，按照比赛规则需要现场回答裁判2～3个问题。通常由2～3个评委提问，每人一个问题，主要考核选手现场应变能力和演讲内容真实性及主题相关茶知识。选手应认真听题，沉着应答。一般问题的知识性不是太强，如参加这次茶说家演讲大赛目的是什么？一句话总结你的演讲主旨等。答案也不唯一，但可以一定程度上侧面反映选手综合素养。

课题三　茶说家演讲案例

一、参赛选手背景

参赛选手郭树红，2000年创办元春茶庄，2006年在宜兴丁蜀镇收购原川阜茶场更名为元春茶场。茶山占地500余亩，形成了自有的制茶及研发基地。元春茶的种植与生产以绿色、安全为主旨。从鲜叶采摘、萎凋、杀青、揉捻、发酵各工艺过程中，传承和创新并举。生产的碧螺春、绿元春、元春红、元春玉白等系列茶产品深受消费者认可，尤其是红茶制作上既传承宜兴红的传统工艺，又吸收其他红茶的制作精粹，元春红茶滋味醇厚，香气饱满，无论是专家审评还是市场反馈都是极佳。2010年在上海国际茶业博览会上，元春红被组委会指定为唯一官方用红茶。所在南

通市茶叶公司是南通本土唯一的集茶叶生产、加工、销售为一体化的茶叶企业；做到自产茶叶源头质量可控，产品研发自主。连续多年，元春茶作为南通"名特优"茶产品参加由市政府组织的南通农产品上海展示展销；"元春"品牌成为南通著名商标；2007年，成立南通元春茶艺培训中心，开南通民办茶艺职业培训的先河。

2013年，成立南通市茶文化研究会，至今连续两任会长，在此平台上，增设茶艺精品课程，培养茶艺技能人才。先后有139位学员获得国家级茶艺师职业资格证书，其中有七位学员获得国家高级茶艺师资格证，指导参赛的学生获得省级、国家级八项大奖。2017年，向南通市政协递交了《关于把军山茶打造成南通名片的建议》的提案，引起市领导及相关部门的重视。2008年，南通市妇联评为"优秀创业

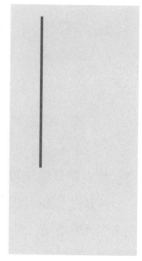

女性标兵""巾帼示范基地";2014年,南通市政协评选为"优秀政协委员"(连续三届市政协委员);2019年,南通市郭树红茶艺技能大师工作室领办人。

二、《茶语心路》演讲词

各位老师、各位朋友大家好!

今天,首先感谢组委会,让我有机会向各位专家和茶友讲述我与茶的故事,表达我对茶芬芳浓郁的情感。说起茶,我想起宋代诗人高文虎的一首诗。诗中写道:"江南嘉木蔚苍苍,能与山梅次第芳。叶厚耐擎三寸雪,飞初怯受一番霜。"我之所以用这首诗开头,是因为它讲到茶之不易,与我20多年的问茶之路深深契合。我

认为,每一片茶叶都是青春的生命,经风历雨,顽强生长,在缱绻的叶脉间满是芬芳的记忆!

我的家乡在滨江临海的江北

平原，放眼望去，除了五座小山外，周围一马平川，视野开阔。难怪北宋文学家王安石登山时说"遨游半是江湖里，始觉今朝眼界开"。在这里，我与茶叶生发的情意和故事，竟几乎包含了人生的全部。幼年时，父亲每天泡茶、品茶的习惯，让我

开始了对茶的感知，构成我童年的记忆。后来，茶成了我婚姻家庭的重要媒介，以至最终成为孜孜以求的事业。我与先生携手开创了自有茶品牌，开启了一座城市茶文化的春天。

从1996年我在国营大商场承包柜台卖茶叶开始，到2000年在繁华的商业区开办茶庄，再到2006年在宜兴收购茶场，我成为一座城市首个集生产、加工、销售为一体化的商户；集书香琴韵、茶道授业、培训交流的茶文化平台。既要开拓事业，还要照顾孩子；既要潜心传播茶文化，还要积极参加公益活动，履行政协委员职责，积极为城市茶艺形象作贡献。

这些年来，随着事业的拓展，我致力于茶文化传承与普及。2007年创立了首家民间茶艺培训中心，2013年牵头成立了南通市茶文化研究会，并担任会长。2015年创办雅集学社，我像铆紧发条的闹钟，在茶的世界里不停地赶路。当初，收购茶场全凭对茶的一腔热爱。然而，事业拓展时资金筹措的艰辛、茶园的管理与制茶技术瓶颈、400多亩茶园产茶销售的难题等一系列问题考验着我的心智和耐力。诚如古人所云，看似寻常最奇崛，成如容易却艰辛。

问茶路上的每一步都是创业，都是初心，只有咬紧牙关，才能不负使命，超越自我。冬去春来，我们生产的系列茶产品，赢得市场的欢迎！尤其是以自然发酵的方法制出的红茶，品质好，香气浓，味醇厚。2010年，在上海茶叶博览会上，元春派红茶被

指定为唯一官方用红茶。如果"一分耕耘，一分收获"说的是对种庄稼人而言的话，那么对于爱茶之人来说，每份耕耘却未必都有收获。尽管如此，问茶之路依然初心不改。我的茶园距我居住地有400里路程，冥冥之中隐喻茶是我一生一世的事业追求。追求茶的事业，是我战胜死亡威胁的精神支柱，也是我战胜病魔的快乐良方。

二十余年来，我以创立的店号和市茶文化研究会的名义，先后培养了近万爱茶人；帮助了近千人走上爱茶做茶的事业，助力百余人脱贫致富改变了命运。还为贫困地区的十余位少年圆了上学梦。以一片茶林的真诚，为和谐社会尽一份爱茶人创业者的社会责任！

2019年，国庆节刚过完我又去云南西双版纳游学，寻访千年古茶树。当我站在古茶树的面前，感到生命的短暂与渺小。做茶人最懂树的心思，树最知茶人的念想。在她的面前，感受她的气息，倾听她的声音，她深谙"树红"——我的名字，就是对一棵茶树的爱称。因为茶早已融入了彼此的生命，吐露的芳华，如黎明的霞光，亦如尽染的秋林，万山红遍！如果人有来生，我愿意做古茶树上的一片叶子，变成茶树林中那一抹虹，这就是我的茶路心语！

谢谢各位老师，谢谢亲爱的朋友！

三、《茶语心路》演讲赏析

扫码观看演讲视频

模块九

茶|艺|知|行|合|一

2013年开始举办全国职业院校中华茶艺技能竞赛，2014年开始举办全国茶艺与茶文化类专业骨干师资培训，2015年教育部招生目录出现了茶艺与茶叶营销和茶树栽培与加工两个专业。在茶艺竞赛的带动激励下，很多院校都开设茶艺与茶叶营销专业，很多学校也纷纷成立茶艺选修课或组建茶文化社团，极大促进茶文化教育与培训发展。在中职学校有全国职业院校手工制茶竞赛，在本科院校有全国大学生茶艺技能竞赛，在社会上也有全国茶艺职业技能竞赛等。2017年9月，教育部、财政部、国家发展改革委公布世界一流大学和一流学科建设名单。2019年1月，"职教20条"出台；教育部中职教育招生目录出现了茶艺与茶营销专业和茶叶生产与加工技术专业。从2020年开始推进"1+X证书"改革，高职提出"双高计划"。一系列政策、法规都为茶教育与茶科技提供一个无比宽广氛围，急需一个更加广阔天地，就是本科茶学专业升级为一级学科，下设两个二级学科即茶叶科学、茶文化学，以便与现代教育体系相匹配，这是我辈茶人在21世纪步入新时代的共同奋斗目标。

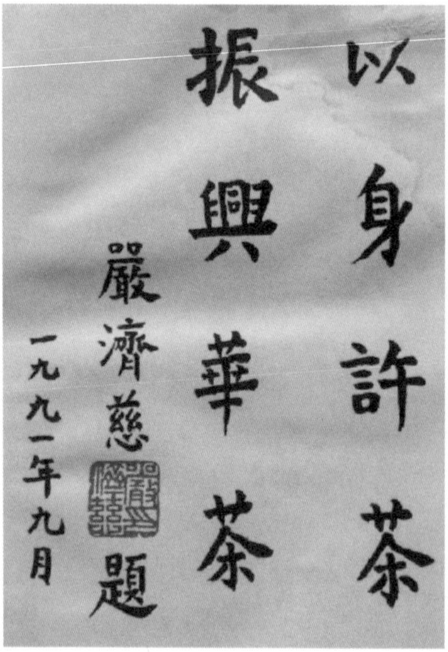

以身许茶
振兴华茶
严济慈 题
一九九一年九月

课题一 茶艺赛事组织

一、茶艺赛项命名

根据全国职业院校技能大赛赛项确定指导思想要求"全国职业院校技能大赛秉承公益性、统一性、专门化和普惠性原则……提高社会参与面和专业覆盖面……努力扩大国际影响与合作"。百度检索当前社会上已经有的茶艺赛事，一般为"×××茶艺竞赛""职工茶艺大赛""大学生茶艺大赛""全国茶艺大赛""中国茶艺大赛"等字样，无法将华夏茶艺囊括其中，经过大家集体多次讨论，最后将茶艺比赛名称定为"中华茶艺技能大赛"，以便更好突出茶艺比赛内容范畴，即中华茶艺（包括台湾地区）非日本、韩国茶艺，同时也突出茶艺大赛重点在技能操作比赛，这正是高职院校人才培养目标，即技能操作性人才而非基础理论科研人才。

二、比赛内容设计

根据大赛组委会赛项比赛内容制定要求"坚持技能竞赛与行业用人、岗位要求、技术进步及教学改革相结合，引导职业教育办学模式、培养模式、评价模式和教学改革；坚持个人能力与团队协作相结合，突出职业素养展示；坚持技能比赛与素质考察相结合，将专业知识考察纳入比赛内容（不限形式）；坚持现场比赛与展示体验相结合，统一设计体验环节、专业展示与比赛内容"。即比赛内容需要体现"职业性原则""教产合作原则"和"教学为本原则"，还要区别社会已经出现的茶艺比赛，既要高于中职茶艺竞赛，又要优于本科茶艺大赛，总而言之，高职茶艺大赛既要体现"高"，又要富含"职"。经过前期的市场考察和茶艺职业岗位标准研读，以及与在茶都杭州的茶文化专家、学者研讨，将全国职业院校中华茶艺技能比赛内容分为四个环节，即"指定茶艺""创新茶艺""解读茶艺"和"体验茶艺"。其中，指定茶艺主要考核选手对绿茶、红茶、青茶三套茶艺，即玻璃杯泡绿茶、盖碗泡红茶、双杯泡乌龙茶的基本操作技能，以及形体表达和美学鉴赏能力等；创新茶艺主要考查选手对茶艺主题立意、茶具茶席布置及冲泡手法、茶艺礼仪、音乐服饰等方面的整体把握、团队协作和自主创新能力，兼顾学生对茶艺理论知识的认知程度；解读茶艺主要考评选手应用茶文化知识元素技能，提炼茶文化感悟，诠释中华茶艺所衍射的人生哲理，以微电影手法解读中华茶艺。体验茶艺主要考验选手现场向体验者提供冲泡饮品的技艺与素质。

三、茶艺竞赛评分设计

茶艺比赛与其他赛项竞赛不一样，除了遵循"公开、公平、公正"外，更要自觉将茶道做人的思想贯彻到比赛过程中，以便真正"知行合一"地实践茶艺。茶艺竞技指定茶艺、创新茶艺、解读茶艺及体验茶艺四个环节依次占分为35%、42.5%、15%及2.5%；建议以后可以优化为"指定茶艺、创新茶艺、品饮茶艺、茶说家演讲"。制订评分细则除了成立专家组外，还通过判分人员现场模拟判分完善评分细则，另外为了确保比赛公平公正，在制订评分细则遵循三个原则：一是评分能量化尽量量化，扣分总和与大分总值相等；二是对于考核点主观性相对较强的判分点，提供好中差三个判分等级，尽量减少因主观带来的误差；三是对于受外界因素影响较大的判分考核点，用其他便于侧面反应的指标考核替代，如茶汤滋味由于受温度和评判人员喜好影响较大，可以通过茶水比例、茶汤颜色及茶汤温度等指标综合反映等。另外，在制订茶艺竞赛评分细则时，将茶艺整体技能要求融入四个环节来综合考核，为了确保茶艺技能竞赛的公开、公平、公正，可能在某一竞赛环节重点考核茶艺的某方面的技能，这是便于茶艺能够更快在非茶类专业院校学生中推广的一种切实可行方法，不能过多求全责备，也是遵循一个事物成长的规律即先生存后发展的道理。

四、茶艺竞赛内容选择

理论考试，一般都有，通常采用集中统一考试，网上限时考试，创新茶艺时竞技提问，品饮茶艺时理论作答等。指定茶艺，一般常有，选手在三个常规指定茶艺（玻璃杯泡绿茶、盖碗泡红茶、壶泡乌龙茶）抽选一个进行竞技。创新茶艺，一般都有，通常有团体创新茶艺、个人创新茶艺，一般选择一种形式，但也可以同时兼有，个人创新茶艺由于缺乏观赏性，建议增设1~2位助演嘉宾。品饮茶艺，没有的建议开设，选手在六个茶类随机抽选一个，建议结合主题一次选取。茶席设计，一般不常用，可有，也可做增彩的一个环节，可以携带素材现场布置，也有提前将茶席作品照片或视频提交，然后现场布置；最有考核选手能力的是选手在规定时间内，利用组委会提供的素材创作一个茶席，并现场布置，但是观摩性不足。解读茶艺，一般不用，网络时代一种茶文化新的传播形式，建议可以作为一种单独的比赛形式，当然也可以作为一种传播当地茶文化的载体。自2017年后，开始有茶说家演讲大赛，一种比较好的培养学生写作能力和口才提升，讲述中国茶故事能力，很值得推广。

五、参赛团队组建

优秀的团队需要：①选手间配合好（能力特长互补、训练合作）；②教师间合作好（擅长人做擅长人、指导合作）；③选手与教师间协作好（角色科学分配，1+1>2）；④与外界衔接好（训练场所、素材场景、领导）。负责人有良好工作方法与高涨工作热情：①科学的制订训练计划，认真执行；②以身作则，做好表率；③给团队成员足够的尊重与爱护；④循序渐进地谋取多方的支持与合作。指导老师爱岗敬业心和指导有方：①作品的创作需要学生的理解；②不要轻视非专业者对作品的看法；③认真对待专业人士对作品的看法；③创新茶艺作品创作与时代脉搏关联把握。

六、学生与职工茶艺竞赛差异

总体外观上看两类茶艺竞赛基本没有差异，很多方面都是共同的；但是仔细思量起来，还有差异。两类茶艺竞赛主要差异重点表现在三个方面：一是在竞赛内容上，前者更多侧重于茶艺发展的创新与引领，后者更多侧重于茶艺发展的传承与推广；二是在竞赛目标上，前者更多侧重于茶艺人才的培养，后者更多侧重于茶艺人

才的选拔；三是在竞赛成效上，前者更多侧重于茶艺的持续创新发展，后者更多侧重于茶艺的有效快速普及，二者相得益彰，在茶艺的传承与创新上共同发挥重要作用。

　　总之，要想组织好一场茶艺赛事，除了明白上面内容外，还要充分考虑四个方面的因素。首先，制订一套科学可行的茶艺竞赛方案，方案不仅科学还有切实可行；其次，贯彻一套公平公正的竞赛制度，公平公正的不仅仅是评分标准，更重要的是执裁过程；再次，安全周到的竞赛组织，安排周到、服务有序，后勤安全、保障到位，历来是构成一场大型活动的重要组成；最后，多方共赢的竞赛成效，竞赛活动既要保障参赛选手和单位的正当权益，又要兼顾举办方和承办方的合理权益，同时还要考虑赞助企业和社会组织的合法利益，一定不能忘记促进茶艺及茶产业的健康发展大业。

课题二　茶室空间设计

大隐隐于朝，中隐隐于市，小隐隐于野，或许每个人都期盼，有一个院子，弄个属于自己的茶室空间，简单的过一辈子！安生度日简单如常。墙边或藤架下摆上茶几或小沙发，午后捧一本书，泡一杯茶，看庭院花开花落，望天上云卷云舒，慵懒休憩的好去处！读史不外功名利禄，悟道终归诗酒田园；迷是不觉自己是谁，悟后方知众人皆佛。

一、茶室空间设计内涵

广义上茶空间设计包括对饮茶的空间内诸多事物的设计与规划，通过创造好的饮茶氛围和意境，以达到较好的品茗感受，即茶"境"。狭义上设计茶室空间是指，在一独立空间内围绕一个主题完成茶室空间设计，包括茶席布置、空间装饰、背景布置、音乐选择，营造品饮氛围。茶室空间设计，具体要求有主题鲜明、有原创性，构思巧妙，富有内涵、有艺术性及个性；茶器物色彩色调与茶空间整体配色协调美观；茶空间背景、插花、挂画、相关工艺品等配饰搭配合理并具有实用性，空间音乐与主题和谐吻合；茶室空间设计，是为我们爱茶人提供一种分享"乐雅生活"的空间场所。设计风格首先倡导简约，其次追求恬淡，最好还融入睿智，是对"乡土故里"的一种追忆，是对"田园牧歌"的一种向往，也是对"崇尚本真"的一种回归。小桥流水，丝竹于耳；熏香迟暮，花馔青灯；是"笑看风轻云淡、闲听花静鸟喧"，还是"行到水穷处，坐看云起时"；是"春有百花秋有月，夏有凉风冬有雪", 还是"竹密岂妨流水过, 山高哪碍野云飞"。

二、茶室空间文化特性

茶文化是茶室设计创新的前提和基础, 是文化传承和发展的依据。随着人们对传统文化的关注与回归, 传统文化逐渐在现代室内设计中得到积极广泛的应用, 成为审美价值取向的新标准。茶文化不仅有丰富的思想内涵和浓厚的精神价值, 成为现代茶室空间设计的重要元素, 满足了人们的情感需求和精神体验。随着时代的发展和变迁, 任何文化都不可能一成不变, 只有在文化传承的基础上, 把握时发展脉搏, 通过全新的设计模式, 使茶文化元素得以重新梳理和融合; 在充分发挥茶文化的思想内涵的基础上创新设计方式, 使茶室空间设计作品成为茶文化创新传承发展优秀成果。另外, 茶室空间设计的成功与否同设计师的文化素养及设计理念关系密切, 设计师对于茶文化内涵理解与认知程度对他们的设计水平有一定影响。随着设计师设计理念的完善优化, 充分认识到茶文化的艺术审美价值, 充分挖掘茶文化元素, 使其在设计中营造出一种浓厚的茶文化氛围, 再加上造型和色彩的合理搭配, 使茶室空间设计更具文化内涵和深刻底蕴, 使茶室生动形象地传达出茶文化的厚重性和审美性。随着全球经济一体化大发展环境影响, 茶文化国际化也冲击着室内设计理念, 使国内的茶室空间设计逐渐趋于国际化, 时刻牢记在茶室空间设计中要秉承坚守民族传统文化特性。

三、茶室空间设计情感表达

茶饮文化是历经千年所留下的精神文明遗产, 体现着传统的美学思想, 是人们追求雅致宁静、远离尘嚣的心灵归处。经历过工业时代空间设计的缺乏个性、功能单一、氛围冷漠后, 人们开始寻求空间中更多的人文情感化与互动体验感。唐纳德·诺曼在认知心理学的基础上提出了情感体验设计的三种层次，即本能层次、行为层次与反思层次。本能层次的设计主要体现在空间造型的装饰效果，行为层次的设计主要体现在受众在空间中的互动与感受，反思层次的设计主要体现在受众对空间的认同与心理共鸣。情感化设计理念核心主要是对受众心理情感需求的关注和精神文化层面的满足，其在社会发展趋势的推动下，要求空间设计在满足基本功能的基础上，注重消费者的情感诉求，使整个空间环境更加具有人情味。

茶室空间不同于一般的商业空间，它联系着茶客与茶文化间的交流，体现着中华传统茶道中的意境，充斥着一代代人对茶的情感。因此，茶室空间中的陈设装饰、功能布局、色彩、材料等本身就具有与中华精神文明相关联的感性因子，从中提炼出的情感元素在茶室空间设计中有着较强的表现力。基于情感化设计中的层次划分，茶室设计中的情感元素设计表达主要包括：①承载茶室空间物象的本能层次情感元素表达。在茶室空间的设计中，本能层次的情感元素，一是茶室空间中与茶相关的物质要素；二是茶室空间中由茶文化所提炼出的符号特征；三是茶室空间中为烘托氛围而布置的陈设装饰。②探究茶室空间场所的行为层次情感元素表达。行为层次的空间设计不仅仅局限于属性、功能等层面，还要注重受众在空间参与和互动过程中情感的变化；行为层次的空间设计上更要突出其情感化的消费体验，使消费者沉浸在茶室空间的主题氛围中，获得心理感受上的满足；行为层次的空间设计上通过借助空间中围合、尺度、虚实、隔断等的不同变化，提升茶室空间情感体验的层次。③感悟茶室空间意境的反思层次情感元素表达。具有传统精神文明和浓厚

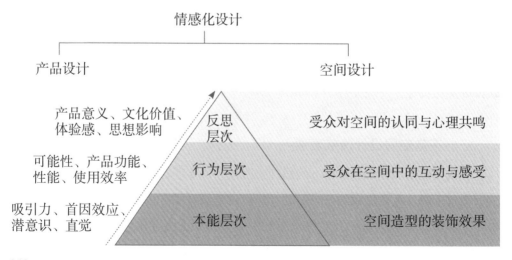

文化底蕴的茶室空间，其反思层次的情感元素，一是通过系列饮茶活动，体会传统文化、茶礼茶艺及茶道精神，形成对茶室空间意境中历史文脉的感悟；二是将茶室空间的内部构造与外部环境形成一种高度抽象的文化意境，满足消费者对空间情感体验的心理需求；只有空间环境与受众之间建立起情感的纽带，通过茶室空间中传统文化、地域特色、茶道精神等的引入，才能满足消费者对更高层次情感维度的需求，实现对茶室空间环境的情感寄托。

四、黄金分割设计茶室空间

在现代建筑和室内空间设计中，追求简约的设计理念，许多设计师在潜移默化中将黄金分割比（1：1.618）运用建筑和室内空间设计。茶室空间通过用黄金分割设计，素雅且极具美感，简约而空灵，给人"至简"之美。从设计心理学角度来分析，简单而理性的茶空间设计能让品茶者不被空间内杂乱的事物干扰，更有助收敛思绪，而将注意力集中于安静的品茶。

1. 茶室空间的黄金分割布局

如果茶室空间不大，茶席和茶桌面积与茶空间的大小比例可以呈黄金分割比例，即 $S_{大面积}：S_{全面积}=S_{小面积}：S_{大面积}=（\sqrt{5}-1）:2$。如果茶室空间较大，为了避免茶空间过于空旷冷清，可以根据功能需要分割成大小不同的区域，如展示休息区、品茗区等。根据客人的多少，合理规划展示区与品茗区的空间大小。其实，在茶室空间设计中，还有许多可以在设计时利用黄金分割原理的细节。如墙面与窗户的大小，以及开窗的位置及数量，也可以用黄金分割的法则仔细考量。

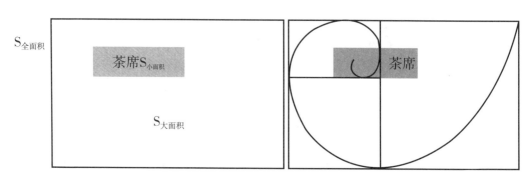

2. 茶艺师与茶空间的黄金分割关系

在舞台表演中，如果演员站在舞台的黄金分割点处，会让台下的观众感觉匀称，而且声音的传播效果也是最佳的。茶艺表演和舞台表演本质相同，因此，在表演时茶艺师最好于茶桌的黄金分割点处。如果表演的空间较大，比如大型舞台，那么茶桌最好置于舞台的黄金分割点处，表演中可坐于茶桌中间，这样在给观众介绍茶品及作品解说词等内容时，能够更清晰，也给观众和谐的视觉感受。更重要的是，当茶艺师处于黄金分割点表演时，能够将观众的注意力吸引至表演者操作上，更能突出表演内容。

3. 茶桌、茶席等的黄金分割摆放

茶桌、茶席可以对称摆放，即放置于房间中轴处，虽然这种空间设计适合对称的空间格局，但会略显单调和压抑，若用黄金分割比例规划茶空间的设计不失为一个好的设计思路。将茶席摆放于中间略偏一些的位置，这让参与者感到放松和平静，更为有助于关注品赏，而非拘谨于空间中。同时，茶席的位置居上，让茶艺表演者背墙而坐，心理上更有安全感，表演时更为放松。品茶者人数较多，因此处于茶席下方面积较大区域，不会拥挤，放松品赏。

黄金分割的运用并不是茶空间设计的唯一方式和标准，一些茶空间设计并非完全按照黄金分割的比例，但依然是优秀的设计。黄金分割在茶空间设计中并非一家之言，其设计因素还包括了色彩理论；点、线、面的构成理论；如茶空间设计中色彩搭配中的黄金分割比，主色调所占面积与二、三级色调所占面积的比可以根据黄金分割比例设定。黄金分割的形式很多，有诸如椭圆黄金分割，三角形的黄金分割，它们有时以形状出现，有时以比例出现，有时以数列出现，合理及灵活的运用才是茶空间设计的关键。

课题三　茶艺师责任担当

减少职业资格许可和认定工作是本届政府推进"放管服"改革的重要内容。从2014年6月至2016年11月底，国务院先后分七批取消了434项职业资格许可和认定事项，国务院部门设置的职业资格（618项）削减70%以上，完成国务院确定的减少职业资格的目标任务。2016年12月16日，人力资源和社会保障部官网的《国家职业资格目录清单公示》通知中，仅保留了评茶员职业资格，而本来不在消减之列的茶艺师职业资格消失了，工种继续存在，激起了千层浪。2016年12月13日，在人力资源和社会保障部相关负责人就第七批减少职业资格许可和认定工作答记者问时，又明确强调："对取消前取得的职业资格证书，证书继续有效，可作为水平能力的证明。""取消职业资格不是取消岗位和职业标准，也不是取消相关职业评价活动，而是改由用人单位、行业组织按照岗位条件和职业标准开展自主评价。"以此保证技能人才评价体系不断档。2017年2月21日人力资源和社会保障部官网又将茶艺师职业资格恢复到国家职业资格目录清单上，应《中国茶叶加工》编辑部的邀请，撰写应对新形势下茶艺师职业资格鉴定的局面暨"高度文化时代背景下茶艺师的历史使命和社会责任"。2019年12月30日，国务院常务会议决定分步取消水平评价类技能人员职业资格，推行社会化职业技能等级认定。从2020年1月起，用一年时间分步有序将茶艺师、评茶员等技能人员职业资格全部退出国家职业资格目录，不再由政府或其授权的单位认定发证。

一、历史回顾

1995年初，中华人民共和国劳动部（现中华人民共和国人力资源和社会保障部）正式把"茶艺师"列入《中华人民共和国职业分类大典》（1999年5月颁布）。2002年11月，中华人民共和国劳动和社会保障部批准实施《茶艺师国家职业标准》，并向全国各地发文。《茶艺师国家职业标准》将茶艺师分为五个等级，分别是：初级茶艺师（五级）、中级茶艺师（四级）、高级茶艺师（三级）、茶艺技师（二级）和高级茶艺技师（一级）。茶艺师职业和国家职业标准的面世，为社会培育和输送了大量的茶艺技能人才，对中国茶产业发展、茶文化传播、茶艺普及和中外茶文化交流，都发挥了积极重要和无法替代的作用。我们曾以全国商指委茶艺与茶叶营销专业教学指导委员会名义恳请恳请继续保留国家职业资格茶艺师目录，理由陈述如下：

第一，茶之为饮，发乎神农，俗有国饮美誉，被原全国人大常委会副委员长许嘉璐先生誉为中华文化"一体两翼"中的"一翼"，相比中医之翼，茶文化还比较薄弱，需要支持和帮助，需要一大批茶艺师去传承创新。

第二，中国是茶的故乡，日本推崇茶道，韩国崇尚茶礼，中国科普茶艺，虽然茶道和茶礼都来源于中国，一旦取消茶艺师职业资格，势必逐步削弱中国作为世界茶文化的中心地位。

第三，习近平总书记多次在重大场合强调"文化自信"，无论是借力"一带一路"发展茶产业，还是坚守"文化自信"传承茶文化，茶艺师作为茶文化的生力军，都是不可或缺的中坚力量。

第四，2016年，教育部刚开始将茶艺正式纳入全国职业教育专业目录（茶艺与茶叶营销专业），全国有二十多个省都举办了该专业，茶艺师职业资格的取消，一定会影响茶艺人才的培养质量。

在全国各地茶艺与茶文化爱好者的广泛诉求和大力支持下，2017年2月21日，人力资源和社会保障部官网公布，国家层面的茶艺师职业资格又重新回到国家职业资格目录清单上。倡议大家爱护这来之不易的传承优秀传统文化的平台，慎独恪守做好茶艺师培训与认证鉴定工作，争作新时代茶艺传承新楷模新典范！同时，建议有识之士积极探索一种有"行业组织及其用人单位按照茶艺师岗位条件和职业标准"进行的茶艺师培训和自主评价机制，让那些注重茶艺师培训质量和口碑的机构、院校迎来新的跨越式发展机遇。呼唤建立一套多平台茶艺师培训与评价市场化引导体系和舆论监督机制，真正实现国务院简政放权放管结合优化服务改革工作目的，促进茶艺师和茶产业健康自信发展。

二、茶艺传承创新分析

"天行健，君子以自强不息；地势坤，君子以厚德载物。"所谓茶艺，首先是一种科学沏泡茶的技术，其次是在沏茶过程中融入诸多审美元素的艺术，再次是体现沏泡者身心修为的窗口，有的还是承载地方民俗民风独特文化的载体。茶艺有哪些社会作用呢？首先具有传播民族传统文化尤其茶文化的作用，其次还有培养人们科学沏茶与健康品饮的功能，再次还能担负悟道修身立德树人作用，最后还可以发挥"一片叶子成就了一个产业，富裕了一方百姓"，即促进地方茶产业健康发展。毋庸置疑，在茶艺师的培训和职业资格鉴定过程中，确实发生了一些让人痛心疾首的事情，这是无法回避的事实；但是正因为有这么多年的茶艺师资格培训，让更多的人开始了解茶，喜欢上茶，养成喝茶的好习惯，也不乏培育一大批出类拔萃的茶艺人才。这次国家层面去茶艺师事件，给我们这批一直在从事茶教育工作的教研人员，一个很大的刺激与阵痛，对于茶艺文化的发展理应既是挑战也是机遇，赋予新时代茶艺师更大的历史使命和社会责任。早在1949年，新中国成立初期，毛泽东主席就充满激情地预言："随着经济建设的高潮的到来，不可避免地将要出现一个文化建设的高潮。中国人被人认为不文明的时代已经过去了，我们将以一个具有高度文化的民族出现于世界。"培育这种"高度文化"，一个重要环节就是推动中华优秀传统文化创造性转化、创新性发展。

对中华优秀传统文化的创造性转化，就是要"使中华民族最基本的文化基因与当代文化相适应、与现代社会相协调，以人们喜闻乐见、具有广泛参与性的方式推广开来"。与当代文化相适应、与现代社会相协调，这两点是比较容易理解和践行的（国家层面上去茶艺师职业资格或许就是一种"与茶艺文化相适应、与茶业发展相协调"吧），那么"以人们喜闻乐见、具有广泛参与性的方式推广开来"，该如何理解与践行呢？其实就是要对中华优秀传统文化资源进行系统梳理、重新包装，让收藏在禁宫里的文物、陈列在广阔大地上的遗产、书写在古籍里的文字都活起来，用符合时代需要的形式对其做出新的阐释，达到经世致用、学以致用的目的。这个要求无疑为我们茶艺师指明了"历史使命和社会责任"，找到了自己的使命，扛起来自己的责任，一个真正的茶艺师是否还会纠结于一纸资格证书呢？

对中华优秀传统文化的创新性发展，就是要把"跨越时空、超越国度、富有永恒魅力、具有当代价值的文化精神弘扬起来，把继承优秀传统文化又弘扬时代精神、立足本国又面向世界的当代中国文化创新成果传播出去"。不忘本来方可开辟未来，善于继承才能勇于创新，文化自觉方能文化自信。对历史文化特别是先人传承下来的价值理念和道德规范，要坚持古为今用、推陈出新，有鉴别地加以对待，有扬弃地予以继承，努力用中华民族创造的一切精神财富来以文化人、以文育人。没有文明的继承和发展，没有文化的弘扬和繁荣，就没有中国茶之梦的实现。立足本国又面向世界，活在当下又穿越时空，我们总是走在历史的延长线上，只有了解时代，才会拥抱未来！

当前茶业正处于百年难遇的重要发展期，传承茶艺文化，绝不是简单复古，"以古人之规矩，开自己之生面"。作为茶文化传播生力军的茶艺师们，我们是否该践行茶艺文化的"海纳百川、包容万物"的品行，在修齐治平、尊时守位、知常达变、开物成务、建功立业的过程中逐渐形成有别于其他职业的独特标识呢？仔细深思，这种茶艺师职业资格鉴定的机制是否应该与时俱进呢？这就是顺应高度文化的"传统文化创造性转化、创新性发展"要求。

三、茶艺师使命与责任

"心中有良知，行为有担当。""文运同国运相牵，文脉同国脉相连。"党中央从国家战略层面提出"文化强国"，是历史的昭示，是时代的要求，是人民的期待。恩格斯说："文化上的每一进步，都是迈向自由的一步。"唯有文化、精神的强大，才是民族国家强大的根本。每一种文化，都是以所处时代为前提，文化的强弱标志是它在世界文化丛林中的高度。因为文化的长度不能产生高度，文化的高度却能拓展宽度。2017年1月25日，中共中央办公厅、国务院办公厅联合颁发了《关于实施中华优秀传统文化传承发展工程的意见》，结合当前国家基本上已经下放了茶艺师职业资格鉴定和认证工作，新时代的茶艺师该担负起怎样的历史使命和社会责任呢？建议在以下五个方面做些努力与探索。

第一，组织力量深入阐发茶艺文化的精髓。加强中华茶艺和茶文化研究阐释工作，深入研究阐释其历史渊源、发展脉络、基本走向，深刻阐明丰富多彩的茶艺和茶文化是中华文化的基本构成，着力构建茶艺文化价值基因与"和"思维基因。

第二，探索构筑贯穿国民茶艺文化终身教育体系。遵循人类认知规律和教书育人规律，按照一体化、分学段、有序推进的原则，把中华茶艺和茶文化全方位融入思想道德教育、文化知识教育、社会实践教育，贯穿于基础教育、职业教育、高等教育、继续教育；构建中华茶艺与茶文化现代教育课程体系及新型态配套教材。

第三，组织力量深入各地创作符合时代发展的优秀茶艺作品。依靠全国性涉茶学会、研究会及教研机构，组建团队从中华优秀茶文化资源宝库中提炼题材、获取灵感、汲取养分，将有益思想、艺术价值与时代特点和要求相结合，运用丰富多样的形式进行创作，推出一大批底蕴深厚、涵育人心的优秀茶艺文化作品。

第四，加强茶艺文化的宣传、传播，加强对外交流合作。综合运用新媒体传播工程，研究承接传统茶艺习俗、茶艺礼仪、服装服饰规范，大力彰显中华茶艺文化魅力。加强"一带一路"沿线国家茶艺文化交流合作，培养造就一批人民喜爱、有国际影响的中华茶艺文化代表人物。

第五，将茶艺更多融入生产生活，更好促进茶产业健康发展。把中华优秀传统茶艺文化内涵更好更多地融入生产生活各方面。用茶艺文化的精髓涵养企业精神，培育现代企业文化。促进茶艺文化旅游，带动茶文化创意产业发展。

文化是维系民族生存发展的血脉和灵魂，是推动经济社会持续发展的精神动力，是国家综合实力的重要组成。赢得未来国际竞争的主动权和制高点，需要的不仅是赶超世界第一大经济体，更是超越挑战的文化优势。推动中华茶艺和茶文化繁荣发展，需要我们站在时代高度，礼敬和传承中华优秀传统文化，实现其创造性转化和创新性发展。正所谓"刚柔交错，天文也。文明以止，人文也。观乎天文，以察时变。观乎人文，以化成天下。"当前茶艺师正逢"凤凰涅槃"的"柳暗花明又一村"机遇，希望全国的茶艺文化倡导者、研究者、传播者及爱好者们伸出友爱互助之手，共筑茶艺健康发展共同体，为实现"茶和天下"之梦而奋斗。

附录一

全国茶艺竞赛优秀茶席作品展

作品一　茶石私语

（参赛选手院校：顺德职业技术学院）

【设计文案】

一、茶艺主题

茶石私语：每日总有那么一刻，都市浮华尽退，邀知己择一静处，铺开一桌至简茶席，无需刻意修饰，亦不做风雅点缀，轻抚万年木化石黑晶茶盘，细赏宛若天作地合般跃然其上的"兰亭序"定窑白茶器，一啜澜沧古茶、一丝喃喃细语、一曲《雨韵》萦绕，品茶、轻语、静心，这一刻，似水流年与永恒莫名融合……

二、选用茶叶

澜沧古茶，其香独特，汤红明亮，品质优异，以其特有的风味、优异的品性和养胃、降压、益气的保健作用，越来越受人们喜爱！其色、香、味、意与"兰亭序"定窑白茶器、万年木化石黑晶茶盘相得益彰，是友人知己品茶谈心的上佳之选。

三、选用茶具

凝心精选"兰亭序"定窑白茶器一套，一壶、一公道杯、四品茗杯。茶具采用浮雕工艺，釉色丰富，从书法的世界中吸取了无尽的灵感，古典雅致的杯壁上饰以"天下第一行书"的兰亭序文，跃然万年黑晶木化石茶盘其上，古墨茶香，将实用与欣赏功能完美的融合在一起，古雅俊秀、倍增茶兴！

四、选用音乐

背景音乐选用一曲纯音乐《雨韵》，其将长笛与古筝巧妙结合，宛如天降仙音。长笛的清脆唤醒心灵，古筝的飘然沁人心扉，二者演绎着无限宁静、无限意境、无限高洁，此情此境，茗茶细语，携友人共同步入视觉无法感受的完美世界。

五、意境设计

黑晶木化石茶盘外形奇特，犹若远古恐龙的背脊，采天地之精华，历百万年沉积，触之冰彻入手、促人冷静、引人深思！"兰亭序"定窑白茶器与其浑然天成，茶汤的温暖与木化石茶盘的冰寒，一冷一热、一静一动、一张一弛，可以促使我们从一天的繁忙中抽心而出，顿悟时光的流逝、生命的宝贵、情义的无价……在这一刻，与友人知己品茶细语，实乃人生快事！

六、色调设计

木化石茶盘黑晶如玉，定窑白茶器在浮雕文"兰亭序"的点缀下，与黑晶茶盘互为衬托，再辅以墨绿色的竹制桌旗为底衬，搭配极具质感的浅青色亚麻台布，共同营造出清新、静谧、简洁、高雅的情境。

七、背景配饰设计

茶席背景以假山、兰亭、绿荷、奇石为基调，描绘出一幅唯美的水墨画；画中央，东晋名家王羲之流传千古的《兰亭集序》跃然其上，整体画面韵味深长，与茶席氛围同出一格，茶人置身其中，倘若人在画中！再辅以天籁仙曲《雨韵》，清彻和谐，沁人心脾，真可谓动静相宜，共同演绎着生命的绝美！

作品二　丝路茶语

（参赛选手院校：兰州资源环境职业技术学院）

【设计文案】

一、设计理念

叮叮驼铃声，悠悠丝绸路。一队队骆驼队穿行在西北沙丘间，空灵而又悠远，茫茫瀚海印着它的脚窝，骆驼携拖的正是来自北方特有的灵魂，沉甸甸的背峰驮着它的希望。一条黄河打此流过，孕育了壮丽的华夏文化，千年以来这里不曾寂静，也不曾落寞。马家窑的彩陶见证了曾经的辉煌。

翻开历史页页都有这片土地留下的痕迹，一条河，一本书，一盏茶，是这片土地自古农耕文化的灵魂，夕阳以至，夜色渐浓，耕归的老农抖落一身黄土，生一盆火，一撮茶叶一罐水，在沸腾中结束一天的劳作，谈笑间拂去一身的疲惫。罐罐茶已成为不可缺少的生活必需品，也是这片土地对茶最好的演绎，已然成为这片土地的精神名片之一。

二、器具选择和用意

器具选择原始古朴的陶制煮茶罐，贴近古朴自然，黄黑相间，象征白天与黑夜交替。茶炉选取圆形柴炉造型。象征生生不息。所泡茶品选自当地陇南绿茶、张掖临泽去核小枣、靖远枸杞、武威甜菜冰糖，具有浓郁的地方特色。马家窑的彩陶罐体现了黄河流域的 5000 年的华夏文化。

三、布局方式

采用传统的中心结构式，整体矩形排开，印有丝绸之路的桌旗放置在桌面的薄席之上，从左到右是马家窑彩陶罐、装有红枣、茶叶、枸杞、大枣的茶盘、木质茶道组、陶制煮茶器具。具有浓郁的生活气息。四只茶杯整齐摆放在中央前方，以是对人的的尊敬。

铺垫采用叠铺式，大幅黄色台布平铺至桌面，再铺一条薄席，再将印有丝绸之路的桌旗放置在薄席的之上，象征了大漠的荒凉与丝绸之路的伟大。

茶点一碟，是地方特色咸甜油香。

背景是大幅夕阳沙漠骆驼丝绸之路图，配以悠扬古曲，萦绕席间。正是：大漠孤烟直，长河落日圆，一书一茶话人间。

四、茶品选择及冲泡方式

本茶席所选用的茶品是陇南绿茶、张掖临泽去核小枣、靖远枸杞、武威甜菜手工冰糖。整个冲泡程序共分为 9 道工序，即温杯、赏茶、投茶、开香、冲水、拂沫、出汤、奉茶、品茶。

作品三　新三峡渔家

（参赛选手院校：重庆三峡职业学院）

【设计文案】

一、选用茶叶

重庆沱茶形似碗臼，色泽乌黑油润，汤色澄黄明亮，叶底较嫩匀，滋味醇厚甘和，馥郁陈香。以重庆产茶区优质茶叶为原料，独具重庆历史底蕴，深受重庆人民喜爱。

二、选用茶具

黑陶茶具一套(含一陶壶、一公道杯、四品茗杯)、粗麻桌布、陶制提梁壶、陶花插、竹制茶托、竹茶荷、茶则、茶巾、水盂、茶叶罐、二蒲团。

三、选用音乐

背景音乐采用民风浓郁的川东民歌《三峡情》的纯音乐版作为茶席的背景音乐，追忆三峡渔家的质朴豪迈，表达新时代的三峡渔家对美丽家乡三峡的款款深情。

四、创作思路

家乡三峡，群峰对峙，江水悠悠。旧时万县木屋炊烟，渔夫蓑衣斗笠，手挥竹篙踏江上一叶扁舟。取一瓢江水，抓二两粗茶，手捧黑色粗陶茶碗，忆往昔江上漂泊。如今的万州库区，高峡出平湖，千帆过尽，百舸争流，一桥飞架南北，天堑变通途，不管风吹浪打，胜似闲庭信步。

本作品以新时代的三峡渔家江边品茶为灵感，在山川河岸之间，江风习习的鹅卵石滩上，摆一席古朴茶席，邀上旧时好友，赏景捕鱼，感受人与大自然的和谐相处，同时也表达出泡茶人伫立于天地间，对大自然浓浓的依恋。新三峡渔家用自己勤劳的双手，创造出今天的幸福生活。怀古思今，胸怀着开阔的心境和品茗的雅致闲趣。与我们风里浪里相依相伴的茶，也焕发出崭新的魅力来。

作品四　征途

（参赛选手院校：郑州市财贸学校）

【设计文案】

一、茶席设计主题

2019 年，我们即将迎来祖国的 70 华诞。70 年来，中华民族从天安门城楼上浴火重生的庄严宣布，到今天锦绣世界东方的"中国梦"，走过"雄关漫道真如铁"，跨越"人间正道是沧桑"，正向着"长风破浪会有时"的明天迈进。披荆斩棘，砥砺前行，因为中华民族有百折不挠的"长征精神"，那是"万水千山只等闲"的必胜信念和"乌蒙破薄走泥丸"的大国气度。

牢记"长征精神"，百折不挠，自强不息，勇往直前，永不放弃，团结奋进，无私奉献，让"长征精神"成为我们最美好的民族特质，成为我们新时代青年的精神宝库，高唱凯歌，早日实现中华民族的伟大复兴！

二、茶席构思

红军长征途中，红军先头部队的红二师四团翻越人迹罕至、终年积雪、海拔4500多米的夹金山。道路险峻，天气变幻莫测，后有敌军追击。饥寒交迫、极度疲乏的红军队伍短暂休整，战士们幕天席地，就地取材，煮一口热水暖暖冻僵的身体。

一位四川籍小战士，从怀中掏出牛皮纸一层一层包裹着的一块儿藏茶，放进沸腾的水中，那是临行前母亲匆匆塞进他包裹里的家乡茶，他从不舍得喝，想家的时候捧在手心闻一闻。

火焰跳动，茶香氤氲，战士们纷纷聚拢而来。

可是，突然间，发现敌人轰战机的警报响起……

草地上，独留一缕茶香。

三、茶席布置

背景：雪山草地、红军战士。

音乐：《七律·长征》。

用毛泽东的诗突出"歌颂长征精神"的主旋律。

铺垫：红军战士遮风避雨的蓑衣。

茶具：红军战士随身携带的军用水壶、竹筒杯。

茶叶：一小块儿雅安藏茶。

坐具：红军战士的行军包。

煮茶器：一顶刚缴获的敌人的钢盔，倒悬在用三支拄杖束起的一小丛篝火之上。

煮茶用水：身边就近的一汪雨雪积水。

配饰：军帽、党旗、军号。

极简的茶席更衬托出红军征途之苦，棕色和灰色的主色调和雪山草地融为一体，闪闪红星和跳动的火苗点燃寒冷和希望。

星星之火可以燎原，"长征精神"点燃。

作品五　情定六口茶

（参赛选手院校：湖北三峡职业技术学院）

【设计文案】

一、茶艺主题

情定六口茶。

二、选用茶叶

武陵山脉土家绿茶。

三、配料

阴米、花生、芝麻、黄豆、白糖。

四、茶具选配

土陶罐、土砂锅、土碗、陶火炉、陶糖罐、陶茶罐、竹筒食盒。

五、选用音乐

《土家巴山舞》《六口茶》。

六、创作思路及主题阐述

喝你一口茶，问你一句话；喝你六口茶，问你六句话。一口一问，一口一答，男儿以喝茶试探，女儿以筛茶示爱。土家民风淳朴，儿女真情坦荡。土民歌甜蜜悠扬，唱出岁月悠然，唱出万种风情；罐罐茶香酽味醇，喝出神清气爽，喝出情意长存。情定六口茶，你是我的他（她），真心茶可鉴，携手走天涯！

七、茶席风格

以竹制茶台、小方桌椅、吊脚楼竹窗、斗笠、蓑衣与大蒜辣椒等，复原土家人生活场景。远处，绿绿茶山、青青翠竹尽收眼底；院内，清甜井水烹煎的土家罐罐茶浓香四溢。茶盘与小方桌上装饰土家花布，泡茶台以土家织物西兰卡普为基本铺垫，摆置土家罐罐茶的必备茶具。红艳艳的野生蔷薇花预示着土家儿女朴实而坦荡的爱情。整幅茶席民风浓郁、格调清新欢快，符合《情定六口茶》的主题。

作品六 踏雪寻梅煎香茗

（参赛选手院校：石家庄职业技术学院）

【设计文案】

一、茶艺主题

踏雪寻梅煎香茗。

二、选用茶叶

安化工夫红茶，湖红的代表，其外形条索紧结尚肥实，色泽黑润、香高持久、滋味浓厚、汤色红艳明亮。安化古称梅山，境内山脉连绵，重峦叠嶂，茶树广生，此茶原料属安化高耐寒大叶种，生长于海拔高达1400多米的雪峰山脉。

三、选用茶具

钧瓷"梅花傲雪"茶具一套，一盖碗、一公道杯、四品茗杯。

四、选用音乐

古筝曲《梅花三弄》。

五、创作思路

夜来烹茶，雪后寻梅，固然是野客之闲情，也实为文人之深趣。雪，凝天地灵气，晶莹剔透，纯洁无暇，烹茶之上品；梅，立群芳之外，孤傲高洁，凌霜怒放，雅士之写照；茶，聚世间变幻，不惧浮沉，清雅隽永，诗意之栖居。

本作品以雪夜飞花、寒梅傲雪，扫雪煎香茗为灵感，体现窗外的雪冰清玉洁，雪中的梅暗香浮动，泡茶人遗世独立，不与世俗同流合污的高贵品质。

寂静的雪夜，娇艳的梅花，甘冽的茶香，白雪红梅交相辉映，香茗一杯温暖雪夜人心。这正是"却喜侍儿知试茗，扫将新雪及时烹"。

作品七 竹林听禅

（参赛选手院校：江西环境工程职业学院）

【设计文案】

一、茶艺主题

竹林听禅。

二、选用茶叶

仙芽（红茶），其外形条索紧细秀长，金黄芽毫显露，锋苗秀丽，色泽乌润；汤色红艳明亮，香气芬芳，馥郁持久，似苹果与兰花香味，滋味醇厚，叶底鲜红明亮。

三、选用茶具

紫砂壶一只，玻璃公道杯一只，青釉仿古陶瓷品茗杯五只，辅助用具若干。

四、选用音乐

《竹林听雨》。

五、创作思路

"竹生空野外，梢云耸百寻"。

喜欢竹的枝叶翠绿，喜欢竹的端庄凝重，喜欢竹的文静温柔，喜欢竹的亭亭玉立，喜欢竹的静谧安详。喜欢在竹林中，手捧一抔仙芽，烟袅袅，香淡淡，沉去所有的疲惫，静心冲泡一杯心怡的茶，馨香溢满心头，回归自然最纯朴的意境。心中顿然有了一种感觉：这份诗意原本不属于喧嚣的尘世，而属于清幽的绿竹。

独自撑一把绸伞，漫步竹林间。静守时光，携影相随。倾听，远古飘来一曲天籁。雨打竹林的清音，悄悄叩响心钟。轻嗅，叶露馨香，淡淡流转。心境，闪过一阵悸动，背负起无声，远离世俗，远离尘嚣。

幽寂，修竹凝妆，静默伫立，高傲的仰望苍茫云山，婆娑的枝叶，挺拔清秀，独具风韵。甘愿隐匿于幽谷，不染一丝尘埃。

竹林深处听禅音。感受"人在林中，林在禅中，禅在杯中，杯中悟道，禅意人生"。

作品八　茶人观海

（参赛选手院校：日照职业技术学院）

【设计文案】

一、主题阐述

本茶席创作灵感来源于我们对家乡绿茶和大海的热爱与感悟，茶席设计思路来源于生活中茶爱好者经常在海边举行的茶会活动，因此我们设计了这款既实用又能够带人入境的茶席。

生活在一个盛产绿茶的海滨小城，茗风海韵已融入我生命。常在外地奔波，不能经常品茗听涛，但忙碌间隙，会约三五好友泡一壶家乡的绿茶，幽幽的茶香总能把我带回家乡的那片海。席间温杯、置茶，不由让人想起大海，它就像母亲温柔的手，悉心拂去我身上的灰尘，我仿佛回到了温暖的家。冲泡时，看茶叶在杯中浮浮沉沉，如同大海潮起潮落，亦如生活中的悲欢离合。大海教会我用足够的勇气和博大的胸怀去面对生活的坎坷；而茶，是心底的大海，它荡涤着我的灵魂，它将人生的波澜，无论高昂与低沉，都收敛成杯中的静波。

因此，茶人爱海，而不必非得"东临碣石，以观沧海"，因为海在席间，在茶人心里。海，是生命的起源，茶，是心灵的密码。茶人观海，如观人生，宁静淡泊，从容不迫。

二、选用茶叶

雪青绿茶，产地是世界茶学家公认的三大海岸绿茶城市之一，具有叶片厚、香气高、耐冲泡等独特优良品质，该茶具有海苔香气，契合主题。

三、选用茶具

主体茶具：一般绿茶冲泡适合选用玻璃杯或白瓷杯，循此规则，我们选用釉面光素雅致的陶瓷茶具一套：一壶、一公道杯、四品茗杯，一壶承，而且整套茶具的表面机理体现了对海洋贝壳元素的提炼，贝壳是海洋的象征，而海洋是生命的母体，与主题相呼应。

席面采用茶桌与置物架及茶席坐垫的搭配，五行陶炉壶上煮着活水，茶荷中展示所冲泡的雪青绿茶。席面器具摆放以方便、实用、美观为原则，营造了一个三五好友品茗聊天的环境与氛围。

四、色彩色调搭配

整体色调以海天一色的淡蓝色为主，配以与沙滩、礁石、贝壳等自然元素接近的米白色、咖色等色彩元素，整体合理协调并产生共鸣效果，给人以宁静、平衡之感，体现着亲近、亲切与温柔。陶瓷带釉茶具与陶制的煮水器及水洗，质地、色彩上类似贝壳与礁石，在整体协调美观的基础上色调又略有变化，显得茶席生动而自然。

五、背景配饰说明

背景为蓝色大海图片，作为该茶席空间美的重要依托，起着调整审美角度和距离的作用，也是审美的心理依靠。底铺与背景同色调，具有泛光效果，恰似波光粼粼的海面，与背景浑然一体，共同呼应主题，这是该茶席美感的基础，以大块的色彩衬托器物的色彩，也符合茶席铺垫美的基本原则。

配饰中采用天然贝壳作茶荷，用小块珊瑚作为枕骨，与主题相呼应而又实用，以自然木质化的珊瑚作为插花，而花器则是礁石色的粗陶茶具，茶席上适当点缀贝壳和海螺，爱茶人爱海的意境也呼之欲出。

以炭烧木桌几象征礁石，以米白色的底铺和同色蒲草坐垫都是沙滩的艺术化形象，而茶席铺垫中的蓝色带浪花图案的桌旗，更起到了加强色的作用，进一步烘托主题。

六、音乐配置说明

音乐选用钢琴曲《我的海洋》，在音乐方面以求创新，伴有海浪的自然声音，充满了现代、自然以及宁静元素的钢琴曲，对席面和背景起到了很强的渲染效果，能够让品茗者感受到茶席间品茗听涛的意境以及虚怀若谷，海纳百川的茶人胸怀。

作品九　遇见·泼墨茶香

（参赛选手院校：桂林旅游学院）

【设计文案】

一、茶艺主题

遇见·泼墨茶香。

二、选用茶叶

六堡茶。六堡茶属于黑茶类，色泽黑褐光润，汤色红浓明亮，滋味醇和爽口，香气醇陈，叶底红褐。对六堡而言，最打动人的是它岁月留下的痕迹：具有越陈越香的特质。

三、选用茶具

柴烧陶瓷茶具一套，一壶、一公道杯、六品茗杯，一凉炉，一烧水的铜壶。

四、选用音乐

古琴曲《流水》。

五、创作思路

烟雨中，江水清澈见底，忽上忽下的燕子为雨后的遇龙河平添了几分撩人的风景；身披蓑衣的老渔翁坐在竹排里悠闲的漂行，鹭鸶鸟不紧不慢的停在竹竿上；江岸一簇簇低垂摇曳的凤尾竹倒影江中，幽深澄碧，妙不可言。两岸阁楼村舍古朴典雅，绿树掩映中鸡犬相闻，良田阡陌井然，好一幅怡然自得的水墨山水画卷。

乘一叶扁舟，穿行在青山绿水之中，六堡茶的醇香将感官唤醒，让内心的焦躁和疲惫如同泼墨般找到一个宣泄的出口，瞬时融入到这如诗般的美景里了无痕迹。遇见山水，遇见好茶，遇见……

茶，有着和大自然一样的魔力，洗涤修复我们的心灵，让我们放慢脚步，放松身心，享受生活。

作品十　壶边夜静听松涛

（参赛选手院校：宜宾职业技术学院）

【设计文案】

一、茶艺主题

壶边夜静听松涛。

二、选用茶叶

安溪铁观音，外形紧结重实，色泽砂绿，有蜻蜓头、螺旋体、青蛙腿，汤色金黄明亮，滋味醇厚回甘，有兰花香，独具"音韵"。

三、主体器具配置

青釉仿古横把壶套组（1瓷壶、1公道杯、1汤漏、4杯子，副桌备8只）、粉青铁线茶罐、土陶罐水盂、古铜茶荷和茶匙、铸铁壶、铁炉、茶巾。

四、色彩配置

以绿、白两色为主色调，青釉色茶具与砂绿铁观音相配，绿色桌布与茶及松之翠相呼应，白色突显茶之洁。配以黑色、古铜、棕色，以显沉稳与古朴。桔黄之炉火、油灯营造夜晚之氛围。

五、选用音乐

《清夜弹琴》水声与古琴、萧的合奏，与夜静煮水品茗之境相配。

六、创作思路

"茗外风清移月影，壶边夜静听松涛"，茶舍于松林中，在夜间煮水品茗的闲情逸致，且品茗且读书之境。品茶如品味生活，其中滋味或苦或涩，都值得回味。往往日子太过匆忙，是时候停下来，静享生活，哪怕只有一杯茶的时间。且守候壶边，听声而辨汤，水声嗡嗡作响如风过松林。

铁观音美如观音重如铁，香气清雅，味厚而醇，回味甘爽。松，古人称颂它坚忍不拔的气节"凌风知劲节，负雪见贞心。"松之气节与铁观音茶性应是相宜。松之节气，在逆境时忍耐与坚持，顺境时谦逊与自省，正是茶人所追求的修得一颗平常之心。

茶席的屏风采用水墨画《松林听风》，松枝作茶花以及松木作壶垫等与之呼应来表现松之魄，茶之魂。煮水之松涛声以及炉火、油灯以显夜晚的寂静。

已为您备好杯，今夜邀您一起在这炉火与灯光之下，听松涛论水品，品佳茗，品生活。

附录二

全国茶艺职业技能竞技赛项评分标准

一、指定茶艺竞技评分标准参考表

参赛选手编号：＿＿＿＿＿＿＿＿＿＿＿　　冲泡茶类：＿＿＿＿＿＿＿＿＿＿＿

序号	项目	分值	评分标准	扣分细则	评分	得分
1	礼仪、仪表、仪容（15分）	4	发型、服饰端庄、自然	（1）穿无袖服饰，扣1分 （2）发型突兀不端正，扣1分 （3）服饰不端正、不协调，扣1分 （4）其他因素酌情扣分		
		6	形象自然、得体，高雅，表演中身体语言得当，表情自然，具有亲和力	（1）视线不集中或低视或仰视，扣1分 （2）神态木讷平淡，无眼神交流，扣1分 （3）神情恍惚，表情紧张不自然，扣1分 （4）妆容不当，留长指甲、纹身，扣2分 （5）其他因素酌情扣分		
		5	动作、手势、站立姿、坐姿、行姿端正得体	（1）未行礼，扣1分 （2）坐姿不端正，扣1分 （3）手势中有明显多余动作，扣1分 （4）姿态摇摆，扣1分 （5）其他因素酌情扣分		

序号	项目	分值	评分标准	扣分细则	评分	得分
2	茶席布置（10分）	6	茶器具布置与排列有序、合理	（1）茶具配套不齐全、或有多余茶具，扣1分 （2）茶具排列杂乱、不整齐，扣2分 （3）茶席布置违背茶理，扣2分 （4）其他因素酌情扣分		
		4	冲泡茶过程中席面器具保持有序、合理	（1）冲泡茶过程中器具摆放不合理，扣1分 （2）冲泡茶过程席面不清洁、混乱，扣2分 （3）其他因素酌情扣分		
3	茶艺演示（35分）	15	冲泡程序契合茶理，投茶量适宜，水温、水量、时间把握合理	（1）冲泡程序不符合茶理，扣2分 （2）泡茶顺序混乱或有遗漏，每处扣2分 （3）茶叶处理、取放不规范，扣2分 （4）泡茶水量、水温选择不适宜，每项2分 （5）泡茶时间掌握不适宜，扣1分 （6）其他因素酌情扣分		
		10	操作动作适度，顺畅，优美，过程完整，形神兼备	（1）动作不连贯，扣2分 （2）操作过程中水洒出来，扣2分 （3）杯具翻倒，扣2分 （4）器具碰撞多次发出声音，扣2分 （5）其他因素酌情扣分		

序号	项目	分值	评分标准	扣分细则	评分	得分
		6	奉茶姿态及姿势自然、大方得体，礼貌用语	（1）奉茶时将奉茶盘放置茶桌上，扣2分 （2）未行伸掌礼，扣1分 （3）脚步混乱，扣1分 （4）不注重礼貌用语，扣1分 （5）其他因素酌情扣分		
		4	收具规范有序、优雅	（1）收具不规范，扣1分 （2）收具动作仓促，出现失误，扣1分 （3）离开演示台时，姿态不端正，扣1分 （4）其他因素酌情扣分		
4	茶汤质量（35分）	8	汤色明亮，深浅适度	（1）过浅或过深，各扣1分 （2）欠清澈、浑浊或有茶渣，各扣1分 （3）欠明亮、暗沉，各扣1分 （4）其他因素酌情扣分		
		8	汤香持久，能表现所泡茶叶品类特征	（1）香低不持久，扣1分 （2）茶汤不纯正、有异味，各扣1分 （3）茶品本具备的香型特征不显，扣2分 （4）其他因素酌情扣分		
		9	滋味浓淡适度，能突出所泡茶叶的品类特色	（1）涩感明显、不爽，各扣1分 （2）过浓或过淡，扣2分 （3）茶品具备的滋味特征表现不够，扣2分 （4）其他因素酌情扣分		

序号	项目	分值	评分标准	扣分细则	评分	得分
		10	茶汤适量、温度、浓度适宜	（1）奉茶量差异明显，过多或过少，各扣2分 （2）茶汤温度不适宜，扣2分 （3）冲泡后茶汤浓度过浓或过淡，各扣2分 （4）其他因素酌情扣分		
5	竞赛时间（5分）	5	在8~13分钟内完成茶艺演示	（1）超1分钟之内，扣1分 （2）超1~2分钟，扣3分 （3）超2分钟及以上，扣5分 （4）少于6分钟，扣5分 （5）6~7分钟，扣2分 （6）7~8分钟，扣1分		

评分裁判签字：＿＿＿＿＿＿＿＿＿＿　　　　年　　月　　日

二、品饮茶艺竞技评分标准参考表

参赛选手编号：_____ 品饮主题：_____

序号	项目	分值	评分标准	扣分细则	评分	得分
1	礼仪、仪表、仪容（15分）	6	形象自然得体，具有亲和力	（1）妆容不当，扣2分 （2）神态木讷或过多交流，扣2分 （3）表情不自然或缺乏亲和力，各扣2分 （4）其他因素酌情扣分		
		6	仪态端正，优雅大方	（1）未行礼，扣2分 （2）姿态不端正，扣2分 （3）手势夸张、做作或生硬，扣2分 （4）其他因素酌情扣分		
		3	奉茶姿势自然，大方得体	（1）奉茶未行伸掌礼，扣1分 （2）不注重礼貌用语，扣1分 （3）品饮姿势不规范，扣1分 （4）其他因素酌情扣分		
2	品饮环境营造（18分）	9	茶具选配合理，位置摆放正确	（1）茶具材质选配欠合理，扣1分 （2）茶具材质选配不合理，扣2分 （3）茶具色系选配欠缺当，扣1分 （4）茶具色系选配不恰当，扣2分 （5）茶具摆放杂乱，扣2分 （6）少选或多选茶具，扣1分 （7）其他因素酌情扣分		

序号	项目	分值	评分标准	扣分细则	评分	得分
		9	品饮氛围适宜	（1）环境音乐不协调，扣1分 （2）茶席背景与主题不和谐，扣2分 （3）茶席整体色彩搭配欠合理，扣1分 （4）茶席整体色彩搭配不合理，扣2分 （5）品饮主题无介绍或介绍不当，扣2分 （6）其他因素酌情扣分		
3	冲泡操作规范（21分）	14	程序契合茶理，冲泡要素把握恰当	（1）冲泡顺序颠倒或遗漏一处扣2分，两处及以上扣5分 （2）冲泡水温不适宜，扣2分 （3）茶叶掉落在外面，扣1分 （4）投茶量过多或过少，扣1分 （5）冲泡时间不到位，扣2分 （6）茶样处理不规范，扣1分 （7）其他因素酌情扣分		
		5	冲泡手法娴熟自然	（1）冲泡过程不连贯，扣2分 （2）水洒出茶具外，扣1分 （3）茶器具翻到或多次碰出声音，扣1分 （4）其他因素酌情扣分		
		2	收具规范，有条理	（1）收具缺乏条理，扣1分 （2）收具有遗漏，扣1分		
4	茶汤品饮质量（31分）	16	茶汤色、香、味表达充分	（1）两道茶汤色泽表达不充分或差异明显，扣2分 （2）两道茶香气呈现不充分，扣2分 （3）两道茶汤滋味表达不充分或差异明显，扣2分 （4）其他因素酌情扣分		

序号	项目	分值	评分标准	扣分细则	评分	得分
		9	茶汤适量，温度适宜	（1）奉茶量差异明显，过量或过少，各扣2分 （2）茶汤温度不适宜，扣3分 （3）冲泡后茶汤量过多或过少，扣2分 （4）其他因素酌情扣分		
		6	茶品质分析合理	（1）对茶表述与茶叶品质不符，扣2分 （2）对茶汤质量的表述与实际情况不符，扣2分 （3）其他因素酌情扣分		
5	竞赛时间（5分）	5	在10~13分钟内完成品饮竞技	（1）超1分钟之内，扣1分 （2）超1~2分钟，扣3分 （3）超2分钟及以上，扣5分 （4）少于8分钟，扣5分 （5）8~9分钟，扣2分 （6）9~10分钟，扣1分		
6	品饮茶艺解说（10分）	10	体现主题、茶类、身份及茶品质	（1）主题没有交代与呈现，扣3分 （2）茶类与主题关联没有交代，扣2分 （3）茶叶品质没有描述，扣2分 （4）两道茶汤品饮缺乏引导用语，扣3分 （5）其他因素酌情扣分		

评分裁判签字：_____　　　　年　　月　　日

三、创新茶艺竞技评分标准参考表

参赛选手编号：＿＿＿＿＿＿＿＿＿＿＿＿　创新主题：＿＿＿＿＿＿＿＿＿＿＿

序号	评分项目	分值	评分标准	扣分细则	评分	得分
1	创意（20分）	10	主题立意新颖，有原创性；意境高雅、深远	（1）主题立意不够新颖，没有原创性，扣4分 （2）有原创性，但缺乏文化内涵，扣3分 （3）意境欠高雅，缺乏深刻寓意，扣3分 （4）其他因素酌情扣分		
		10	场地、备具布置茶席设置有创新，与主题吻合	（1）缺乏新意，扣3分 （2）与主题不吻合，扣3分 （3）插花、挂画等背景布置缺乏创意，扣2分 （4）场地布置缺乏美感、凌乱，扣2分 （5）其他因素酌情扣分		
2	礼仪、仪表、仪容（10分）	10	发型、服饰与茶艺演示类型相协调；形象自然、得体，优雅；动作、手势、姿态端正大方	（1）发型、服饰与主题协调，欠优雅，扣2分 （2）发型、服饰与茶艺主题不协调，扣4分 （3）动作、手势、姿态欠端正，扣2分 （4）动作、手势、姿态不端正，扣4分 （5）仪容仪表礼仪缺乏审美情趣，扣2分 （6）其他因素酌情扣分		

序号	评分项目	分值	评分标准	扣分细则	评分	得分
3	茶艺演示（30分）	12	布景、音乐、服饰及茶具协调，表演具有较强艺术感染力，且茶艺动作及茶具布置具有美感，有实用性	（1）布景、服饰及茶具等色调、风格不协调，扣3分 （2）布景、服饰、音乐与主题不协调，扣3分 （3）表演缺乏艺术感染力，扣2分 （4）表演艺术感染力不强，扣1分 （5）茶具或茶艺表演无实用性，扣2分 （6）整体表演（器、人、境）欠协调，扣2分		
		5	奉茶姿态、姿势自然，言辞得当	（1）奉茶时将奉茶盘放置茶桌上，扣2分 （2）未行伸掌礼，扣1分 （3）脚步混乱，扣1分 （4）不注重礼貌用语，扣1分		
		13	动作自然、手法连贯，冲泡程序合理，过程完整、流畅，形神俱备	（1）动作不连贯，扣2分 （2）操作过程水洒出来，扣2分 （3）杯具翻倒，扣2分 （4）冲泡程序不合茶理，有明显错误，扣3分 （5）投茶方式不准确，扣1分 （6）表演技艺平淡缺乏表情，扣2分 （7）（有助演）选手间协作无序，主次不分，扣3分		

序号	评分项目	分值	评分标准	扣分细则	评分	得分
4	茶汤质量（25分）	15	茶汤色、香、味等特性表达充分	（1）茶汤不纯正、有异味，各扣1分 （2）茶汤涩感明显、不爽，各扣1分 （3）茶汤滋味过浓或过淡，各扣1分 （4）茶汤颜色过浅或过深，各扣1分 （5）茶汤欠清澈、浑浊或有茶渣，各扣1分 （6）茶品本具备的香型特征不显，扣2分 （7）茶品本具备的滋味特征表现不够，扣2分 （8）其他因素酌情扣分		
		10	所奉茶汤适量、温度、浓度适宜	（1）奉茶量差异明显，过多或过少，各扣2分 （2）茶汤温度不适宜，扣2分 （3）冲泡后茶汤浓度过浓或过淡，各扣2分 （4）其他因素酌情扣分		
5	文本及解说（10分）	10	文本阐释有内涵，讲解准确，口齿清晰，引导和启发观众对茶艺理解，给人美的享受	（1）无展示茶艺作品纸质文本，扣3分 （2）文本阐释缺乏深意与新意，扣2分 （3）解说词立意欠深远、无创意，扣1分 （4）解说词无法引导理解茶艺，扣2分 （5）讲解与演示过程不协调一致，扣1分 （6）解说不脱稿、口齿不清、欠感染力，扣2分		

续表

序号	评分项目	分值	评分标准	扣分细则	评分	得分
6	竞赛时间（5分）	5	在 10～15 分钟内完成茶艺演示	（1）超 1 分钟之内，扣 1 分 （2）超 1～2 分钟，扣 3 分 （3）超 2 分钟及以上扣 5 分 （4）少于 8 分钟，扣 5 分 （5）8～9 分钟，扣 2 分 （6）9～10 分钟，扣 1 分		

评分裁判签字：_____   年   月   日

四、茶席设计竞技评分标准参考表

参赛选手编号：_____ 茶席主题：_____

序号	评分项目	分值	评分标准	扣分细则	评分	得分
1	主题立意(25分)	25	主题鲜明、有原创性，构思新颖、巧妙，富有内涵、有艺术性及个性	（1）主题内容，从鲜明、内涵、原创性等三个方面评判，每个方面分好、中、差三个层次赋分，好不扣分，中扣1分，差扣2分 （2）主题设计，从新颖、巧妙、艺术性等三个方面评判，每个方面分好、中、差三个层次赋分，好不扣分，中扣1分，差扣2分 （3）主题创新，从构思设计和整体搭配两个方面评判，每个方面分好、中、差三个层次赋分，好不扣分，中扣2分，差扣3分 （4）其他不规范因素酌情扣1~2分		
2	器具配置(25分)	25	茶具与茶叶搭配合理，器具组合完整、协调、配合巧妙、并具有实用性	（1）茶叶与茶具搭配，从合理、协调、完整、实用等属性评判，每一个属性表达分好、中、差三个层次赋分，好不扣分，中扣2分，差扣3分 （2）席面主体器具与物件间搭配，从合理、协调、巧妙等特性评判，每一特性表达分好、中、差三级赋分，好不扣分，中扣2分，差扣3分 （3）其他突兀因素酌情扣1~2分		

序号	评分项目	分值	评分标准	扣分细则	评分	得分
3	色彩色调搭配（10分）	10	茶席整体配色美观、协调、合理	（1）茶席整体色彩搭配，从美观、协调、合理等属性评判，每一个属性表达分好、中、差三个层次赋分，好不扣分，中扣2分，差扣3分 （2）茶席整体色调搭配，从协调、合理两个属性评判，每一个属性表达分好、中、差三个层次赋分，好不扣分，中扣1分，差扣2分 （3）茶席器具、物件材料质地，从搭配合理角度，分好、中、差三个层次赋分，好不扣分，中扣1分，差扣2分 （4）其他突兀搭配酌情扣1~2分		
4	背景配饰烘托（20分）	20	茶席背景、插花、相关工艺品等配饰搭配完美，以及背景音乐能渲染主题，富有感染力	（1）茶席背景与茶席主题搭配，从映衬与协调两个方面评判，分好、中、差三个层次赋分，好不扣分，中扣2分，差扣3分 （2）茶席背景音乐与主题搭配，从渲染力、感染力、意境美等方面评判，分好、中、差三个层次赋分，好不扣分，中扣2分，差扣3分 （3）茶席配饰与茶席整体搭配，从完美、协调、合理三个方面评判，分好、中、差三个层次赋分，好不扣分，中扣2分，差扣3分 （4）其他突兀搭配酌情扣1~2分		

序号	评分项目	分值	评分标准	扣分细则	评分	得分
5	茶席作品文案（15分）	15	文字阐述准确、有深度，语言表达优美、凝练（300字左右）	（1）陈述内容上，从文字表述准确、有深度两个方面评判，分好、中、差三个层次赋分，好不扣分，中扣2分，差扣3分 （2）遣词造句上，从语言表达优美、凝练两个方面评判，分好、中、差三个层次赋分，好不扣分，中扣1分，差扣2分 （3）没有标题扣2分，标题不准确扣1分 （4）字数不足或超过，每15字扣1分，有错字每5字扣1分 （5）其他不规范因素酌情扣1~2分		
6	时间（5分）	5	现场布置茶席在20分钟之内完成	（1）布席时间在20~22分钟内完成，扣1分 （2）布席时间在22~24分钟内完成，扣2分 （3）布席时间在24分钟以上，扣5分		

评分裁判签字：_____　　　年　　月　　日

五、茶 + 调饮竞技评分标准参考表

参赛选手编号：＿＿＿＿＿＿

中式组

序号	评分项目	分值	评分标准	扣分细则	评分	得分
1	主题创意（20分）	10	主题立意新颖，有原创性	主题不突出，酌情扣分		
		5	原料调配方案设计科学合理、符合食品卫生健康安全标准	方案不合理，有损健康，扣3~5分		
		5	现场表述作品思路清晰、口齿清楚	不能现场表述创作思路，表达不清晰，酌情扣分		
2	茶席设计（15分）	10	器具摆放位置合理美观、符合调饮操作要求	（1）茶具摆位影响操作的顺畅，扣2~3分 （2）茶席设计整体设计欠平稳，色彩显杂乱，扣4~5分		
		5	服装设定、作品背景音乐等烘托作品艺术感染力	与主题设定冲突，协调感弱，酌情扣分		
3	茶艺演示（30分）	10	茶艺流程设计契合茶理，规范有序	（1）流程设计混乱、合理性弱，扣3~4分 （2）动作设计不规范，扣3~4分		

序号	评分项目	分值	评分标准	扣分细则	评分	得分
3	茶艺演示（30分）	5	冲泡设计有创意，技术含量高，且处理得当	有技术含量，但操作失误，扣2分		
		10	调饮手法娴熟自然，生动有艺术感染力	器具掉落、茶汤溢出等技术失误，每处扣2分		
		5	演示过程礼仪得体，大方自然	显露紧张，缺乏稳定感等，酌情扣分		
4	茶汤质量（30分）	10	茶的风味表现显著	茶味不显，扣4~5分		
		10	香气与滋味协调性好，风味舒适	（1）刺激性强，不利健康，扣3~5分 （2）协调性弱，扣2~3分		
		10	色泽搭配合理，具有美感	色泽搭配不协调，扣2~3分		
5	竞赛时间（5分）	5	演示时间8~15分钟时长（含请饮时间）	每超出1分钟扣1分，不足1分钟按1分钟计		

评分裁判签字：＿＿＿＿＿＿＿＿＿＿＿　　　　年　　月　　日

参赛选手编号：_____

西式组

序号	评分项目	分值	评分标准	扣分细则	评分	得分
1	配方创意（20分）	10	主题立意新颖，有原创性	主题不突出，创意感弱，酌情扣分		
		5	原料调配方案设计科学合理、符合食品卫生健康安全标准	根据合理性与安全性，酌情扣分		
		5	现场表述作品思路清晰、口齿清楚	不能现场表述创作思路，表达不清晰，酌情扣分		
2	茶饮台设计(15分)	10	调饮器具保持干净、整洁；器具摆放位置合理美观、符合调饮操作要求	（1）调饮器具不干净、整洁，调饮器具摆位影响操作的顺畅，扣2~3分（2）茶饮台整体设计欠平稳，摆放显杂乱，扣4~5分		
		5	服装设定、作品背景音乐等烘托作品艺术感染力	与主题设定冲突，协调感弱，酌情扣分		
3	茶艺演示（30分）	10	调饮原料使用完毕，复归原位；操作流程设计流畅、规范有序	（1）调饮原料使用完毕未复归原位，扣2~3分（2）流程设计混乱、合理性弱，扣3~4分（3）操作动作设计不规范扣3~4分		

序号	评分项目	分值	评分标准	扣分细则	评分	得分
3	茶艺演示（30分）	5	冲泡设计有创意，技术含量高，且处理得当	有技术含量，但操作失误，扣2分		
		10	调饮手法娴熟自然，生动有艺术感染力	（1）器具掉落等技术失误，每处扣2分 （2）滴洒一滴扣1分，一滩扣3分		
		5	演示过程礼仪得体，手法干净，大方自然	显露紧张，手法不干净，缺乏稳定感等，酌情扣分		
4	茶汤质量（30分）	5	严格按照配方制作，安全卫生	（1）不按配方操作，扣4~5分 （2）卫生环节处理不当，扣3~5分		
		5	香气、口感舒适，协调性好	（1）刺激性强，不利健康，扣2~3分 （2）协调性弱，扣2~3分		
		5	色泽搭配合理，具有美感	色泽浑浊，扣2~3分		
		10	有明显茶味	（1）茶味不显，扣4~5分 （2）过淡或过浓，扣1~2分		
		5	调制后的茶饮具有一定的观赏性，整体风格与主题创意相符	观赏性，整体风格与主题创意不相符，酌情扣分		

续表

序号	评分项目	分值	评分细则	扣分点	评分	得分
5	竞赛时间（5分）	5	演示时间 8~15 分钟时长（含奉茶时间）	每超出 1 分钟扣 1 分，不足 1 分钟按 1 分钟计		

评分裁判签字：＿＿＿＿＿＿＿＿＿＿　　　年　　月　　日

六、茶说家演讲大赛评分标准参考表

参赛选手编号：＿＿＿＿＿＿＿＿＿   演讲主题：＿＿＿＿＿＿＿＿＿＿＿

序号	评分项目	分值	评分标准	评分细则	评分	得分
1	演讲内容（45分）	15	契合主题、论点明确、健康向上	（1）演讲内容与主题契合：0~5分 （2）论点明确：0~5分 （3）选题内容得当：0~5分 （4）其他因素酌情评分，总分不得超过15分		
		15	观点新颖、内容生动、思想深刻	（1）文章观点新颖、有创意创新：0~5分 （2）演讲内容生动有趣：0~5分 （3）论证观点深刻有内涵：0~5分 （4）其他因素酌情评分，总分不得超过15分		
		15	结构合理、逻辑清晰、节奏得当	（1）文章结构完整合理，符合行文规范：0~5分 （2）文章逻辑清晰顺畅，有利于论点表达：0~5分 （3）内容节奏合理，疏密有序：0~5分 （4）其他因素酌情评分，总分不得超过15分		
2	演讲技巧（40分）	10	脱稿演讲、熟练流畅	（1）可以完全脱稿演讲：0~5分 （2）能够完整表达：0~2分 （3）演讲内容熟练流畅，少有停顿忘词现象：0~3分		

序号	评分项目	分值	评分标准	评分细则	评分	得分
		5	普通话标准	（1）完全标准普通话，可得5分 （2）带口音普通话，但不影响表达，清晰可听懂，得3分 （3）浓重口音，影响表达，听不懂，不得分		
		10	口齿清晰、语速得当	（1）吐字清晰，口齿伶俐，表达准确：0~5分 （2）语速缓急得当，抑扬顿挫：0~5分		
		10	感情丰富、有感染力	（1）情感表达与演讲主题契合：0~3分 （2）具备表现力和感染力，通过丰富情感表达突出主题内容：0~7分		
		5	姿态自然、动作适度	（1）有配合演讲表达的姿势与动作：0~2分 （2）动作、姿态自然、准确，不拘谨不夸张：0~3分		
3	整体印象（10分）	5	仪表端庄	（1）衣着整洁清洁，有配合演讲主题的服饰为佳：0~3分 （2）仪容清爽，发型、妆容简洁干净：0~2分		
		2	仪态礼仪	（1）站姿挺拔有精神，没有多余小动作：0~1分 （2）有演讲的基本礼仪：0~1分		
		3	精神状态	（1）面带微笑，轻松自然：0~1分 （2）精神饱满，表达铿锵有力：0~2分		

序号	评分项目	分值	评分标准	评分细则	评分	得分
4	演讲时间（5分）	5	时间控制得当	（1）在6~8分钟内完成演讲，得5分 （2）超过5分钟，不得分		

评分裁判签字：＿＿＿＿＿＿＿＿＿＿＿＿　　年　　月　　日

后 记

你是人间四月天

"燕子去了，有再来的时候；杨柳枯了，有再青的时候；桃花谢了，有再开的时候。但是，聪明的，你告诉我，我们的日子为什么一去不复返呢？"每当读起朱自清先生的《匆匆》，内心深处总有股淡淡的忧伤。时光飞逝，匆匆走过。到杭州学习、工作，安家、生子，二十载在不知不觉中匆匆流逝，回头看看自己走过的路，发现真所谓"去的尽管去了，来的尽管来着；去来的中间，又怎样地匆匆呢？"人生就像风一样，飘过就不再回来；人生就像一道七彩的弧，色彩斑斓；当面对人生之苦时，就要学会慢慢地咀嚼，苦涩之后才有甘甜；当承受生活之累时，那就要懂得默默地坚持，相信阳光总在风雨后。当一段不知疲倦的人生之旅结束时，唯有站到旅途终点的人，才会真正感悟到苦涩与劳累的意义、幸福人生的真谛。

二十年前，聆听竺可桢校长的两个问题（诸位在校，有两个问题应该自己问问，第一，到浙大来做什么？第二，将来毕业后做什么样的人？）开启了浙大学茶之路；十年前，在研究生导师杨贤强教授的鼓励下，于杭州下沙大学城开始了"茶文化与人文素养"校际选修课；五年前，带领团队在杭州茶界前辈与校友的支持下，恢复了学校中断近15年招生的茶专业，开创了全国高职院校中华茶艺技能大赛，次年（2014年）策划举办了全国茶艺与茶文化类师资国培，为全国输送培育了100多名茶艺与茶文化传承发展的教育工作者。四年前的暑假，为了让更多人了解、参与、学习、喜爱及传播、传承茶艺，开始全身心地将自己关于茶艺学习、实践、推广及研究的心得体会撰写文章、博文及微信，向社会公开推送，截至目前，已经超过300篇。在茶艺传承与创新发展的过程中，发现社会上缺乏与时俱进、通俗易懂而又相对系统地阐述茶艺的著作，于是萌生了将近四年来撰写的300余篇博文整理成册、著书立说，为我国茶艺传承发展注入一汪清泉。

"心中有良知，行为有担当。"现在的社会，因受各种科技冲击，使得我们的生活、我们的思想，甚至我们的情感，逐渐碎片化；这种现象非常危险，迫切需要一种承载凝聚力的东西，这就是文化。"文运同国运相牵，文脉同国脉相连。"传承和发展中华优秀传统茶文化的关键是要推进文化时代化，如此才能使我们养成文化自觉，增强文化自信；让传统文化融入生活，学会对传统文化的梳理，去其糟粕，留其精华。"知之者不如好之者，好之者不如乐之者。"中华文明延续着我们国家和民族的精神血脉，既需要薪火相传、代代守护，也需要与时俱进、推陈出新。站在广袤的土地上，吸吮着中华民族漫长奋斗积累的文化养分；走在自己选择的路上，具有无比广阔的舞台，具有无比深厚的历史底蕴，具有无比强大的前进定力。

撰写《茶艺传承与创新》一书的目的：首先，想构筑一种"开放、创新、包容、共享"的茶艺传承精神；其次，想探究一种引领大家喜闻乐见的茶艺创新发展模式，不拘泥于篇章的完整性、结构的合理性，力求不妄本来，昭示未来！希望本书能够为您呈现一派别样的茶艺文化风光。从读这本书开始，力争做个透亮爱茶人吧。首先要学会给他人带来快乐，其次是不做让自己留下遗憾的事情，再次是能够传递茶人正能量，将人在草木间的深刻内涵融会到工作、学习和生活之中……

我微笑着走向生活，

无论生活以什么方式回敬我。

什么也改变不了对生活的热爱，

我微笑着走向火热的生活！

不去想，

是否能够成功，

既然选择了远方，

便只顾风雨兼程。

不去想，

能否赢得爱情，

既然钟情于玫瑰，

就勇敢地吐露真诚。

后记

295

我说你是人间的四月天，
笑响点亮了四面风；
那轻，那娉婷，
你是一树一树的花开，
是白莲浮动于水光，
是爱，是暖，是希望……
你是人间的四月天！
从明天起，
告诉每个朋友我的快乐，
为遇见的陌生人送上我的祝福，
愿你面朝大海，春暖花开！

张星海

2017年5月于杭州